服装结构设计与应用·男装篇

（第3版）

主　编　闵　悦

副主编　刘　妃　李淑敏

参　编　陈晓玲　陆从相　占

　　　　邱书芬　左言文

北京理工大学出版社

BEIJING INSTITUTE OF TECHNOLOGY PRESS

内 容 提 要

本书是“服装结构设计与应用”系列教学丛书之一，阐述了男装结构设计的基本过程、概念、方法，分析了男装结构与人体骨骼、肌肉、脂肪之间的关系，介绍了国家服装标准术语、符号、代号，重点论述了男装结构设计制作依据及男子正装、休闲装的结构设计原理，并系统地介绍了男装的着装知识和穿着规范、结构设计原理及应用，详细地阐述了男装的变化规律和样板绘制过程，力求理论与实际相结合，图文并茂，易于学习和理解。

本书实用性强、指导性强，可作为高等院校服装类各专业的服装结构设计教学用书，也可供服装企业技术人员参考。

图书在版编目（CIP）数据

服装结构设计与应用·男装篇 / 闵悦主编.—3版.—北京：北京理工大学出版社，2021.1

ISBN 978-7-5682-9447-8

Ⅰ.①服…　Ⅱ.①闵…　Ⅲ.①服装结构－结构设计－高等学校－教材 ②男服－结构设计－高等学校－教材　Ⅳ.①TS941.2 ②TS941.718

中国版本图书馆CIP数据核字（2021）第005080号

出版发行／北京理工大学出版社有限责任公司
社　　址／北京市海淀区中关村南大街5号
邮　　编／100081
电　　话／（010）68914775（总编室）
（010）82562903（教材售后服务热线）
（010）68948351（其他图书服务热线）
网　　址／http://www.bitpress.com.cn
经　　销／全国各地新华书店
印　　刷／河北鑫彩博图印刷有限公司
开　　本／889毫米×1194毫米　1/16
印　　张／7.5
字　　数／199千字
版　　次／2021年1月第3版　2021年1月第1次印刷
定　　价／72.00元

责任编辑／钟　博
文案编辑／钟　博
责任校对／周瑞红
责任印制／边心超

FOREWORD

前 言

我们根据服装专业的教学特点，组织一批在教育第一线工作的教师，历时三年，通过集体创作，编写了一系列教学用书，包括《服装结构设计与应用·女装篇》《服装结构设计与应用·男装篇》《服装结构设计与应用·童装篇》等。本套书可作为高等院校服装类各专业的教学用书，也可作为服装企业技术人员以及服装制作爱好者的自学参考用书。

本书共分为两部分九章讲述。

第一部分主要从男装的基础知识、男装的分类及用途、基本概念、服装术语、符号、代号等知识入手，对男性人体的观察与测量、服装规格的设置及号型系列知识进行阐述。

第二部分对男装各类款式的历史及相关文化、款式的分类、款式制图原理等进行介绍，并通过男装款式变化与纸样设计详细地阐述了男装的结构变化规律、设计技巧和绘制过程，具有较强的实用性和可操作性。

上述两部分相辅相成，构成一部较完整的男装结构设计技术教学用书。

本书由闵悦担任主编，由刘妃、李淑敏担任副主编，陈晓玲、陆从相、占琳、邱书芬、左言文参与编写。

由于编者水平有限，书中难免存在遗漏、错误及不足之处，恳请各位专家、各院校师生和广大读者批评指正。

编　者

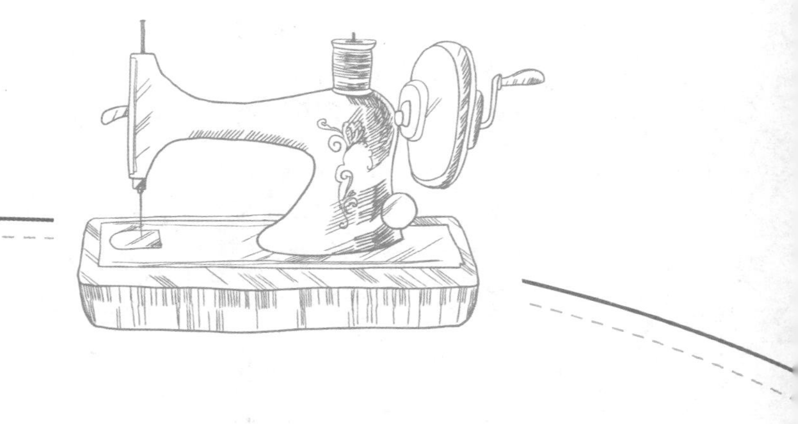

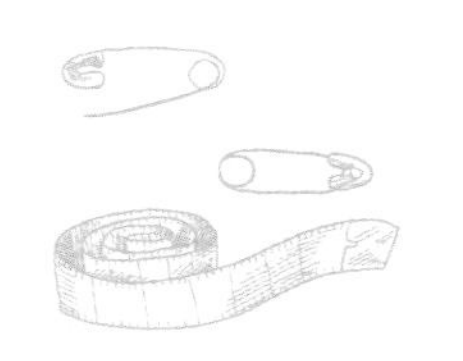

目录

CONTENTS

第一章 男装知识与穿着规范

“服装有一个最重要的功能就是规范人的行为。”服装的规范只能与时俱进，不会随着服装时尚化、个性化的盛行而消失。值得注意的是，这种规范性在男装中表现得尤为突出。

男人穿着有男人风度的服装最为理想，其风格比女装硬朗而且给人以严谨之感。对设计者来说，男装的设计着重于其材料、设计、缝制等方面的感觉，与女装有所不同。男装依其用途可分为很多种类，而且男装首先要能够符合时间、场合及穿着目的。近年来，男子的服装样式逐渐简单，同时，其材料与设计也呈现出多样化，其中甚至能见到很中性的式样，只是这种倾向多半在运动服装、郊游衣、居家服等类别中较为明显。男子的礼服和西服等的基本设计是有规定的，应在其规定范围内采取流行的线条加以变化（图 1-1）。

图 1-1

第一节　礼服

一、正式礼服

1. 晚间正式礼服（燕尾服）

燕尾服是男士在晚上 6 点以后正式穿用的服装，是晚礼服的最高形式。燕尾服最早出现于 1789 年法国大革命时期，是上流社会男士的普遍装束，在 1850 年升格为晚间正式礼服。1854 年，黑色燕尾服广泛流行（图 1-2）。

由于特殊礼仪规范的制约，燕尾服的结构形式、材料要求、配饰标准均很严格，故被看成公式化装束。现今的燕尾服的基本造型仍保持着维多利亚时期古老结构的痕迹。

2．日间正式礼服（晨礼服）

晨礼服是男士白天在正式场合穿着的大礼服（图 1-3），与燕尾服级别相同，开始于 1876 年，盛行于 1898 年，当时为英国绅士赛马时的装束，也称为乘马服。第一次世界大战以后晨礼服升格为日间正式礼服，现在几乎成为公式化场合行使礼仪的装束，如参加国家级的就职典礼、授勋仪式，进行日间大型古典音乐指挥等的装束。

图 1-2

图 1-3

二、半正式礼服

1．白天半正式礼服

（1）黑色套装：在礼仪性较明显的场合（包括正式场合），如果没有对服装作特别的要求，穿黑色套装最为合适。这是现代男士对社交装束的新观念，因为这种装束不受礼仪的时间、场所和等级的限制，搭配组合也可根据爱好、流行风格而设计，很受男士的欢迎。

（2）董事套装：与其说它是为董事会成员专设的一种礼服，不如说它是上层社会将晨礼服大众化、职业化的结果，是晨礼服的替代品（图 1-4）。

2．晚间半正式礼服

塔士多礼服：最早出现于 1886 年。在美国纽约附近有个地区叫塔士多，当时在晚宴上男士们所穿的一种新式无燕尾的礼服被称为塔士多礼服（图 1-5）。

塔士多礼服在春、秋、冬三季采用黑色或者暗蓝色；在夏季上衣采用白色，被称为夏季塔士多礼服。

图 1-4

图 1-5

第二节　上班服

一、办公室里穿着的基本服饰

图 1-6

尽管每个男性的工作性质可能有所不同，但是如果拥有一个较为完善的基本服饰系列组合，就可以轻松应付各种场面。

1．西服套装

尽管西服套装可能不是每天均要穿用的服装，但是总是有些场合需要穿用，因此建议至少准备几套经典式样的西服装套，并且每年检查其是否落伍。欧美国家的公司管理阶层人员最少要拥有几十套西装才能够满足商务需求，虽然中国现在还没有那样的环境，但是保证一周之内着装不重复是必需的（图 1-6）。

2．西便装和夹克

具有时尚元素的西便装是办公室里最为实用的上装，按照冬季、夏季和春秋分季，每季有 3 件左右比较合适。品质优良的夹克起码在星期五可以穿用，应该至少准备 2 件。不能一味地选择深色，颜色沉稳即可，款式、材料得体为第一要求。

3．衬衫

就上班族男性而言，衬衫的重要性不言而喻。因为在空调办公室里，衬衫几乎成为主要的办公着装。白衬衫无论如何要准备一件，这是最为保险的衣着，其他单色衬衫要备有 2 ～ 3 件，条纹、格子衬衣只要不是太过花哨就可以。色彩的选择以蓝、白色调为基本色系，材料以棉为主。即便衬衫已经经过防皱处理，在穿用前也要尽量整烫。衬衫以每天更换为宜，以此决定衣橱中的衬衫件数。

4．西装裤和便装裤

西装裤的数量可以根据实际需要而定，因毛料易破，可以准备些混纺和合成材料的西装裤。咔叽布的休闲长裤要有两条以上，牛仔裤也要有 1 条。选择自然典雅的简单样式、中性色系的沉稳色彩，大致不会出问题。

二、职业着装的基本规范

办公室的男性着装，以保持整洁和严肃为第一要务。衣衫鞋袜要干净整齐，任何一个成熟的白领男性都不会袒胸露背，衬衫的扣子除第一粒外要尽量扣好，就像管住自己的嘴巴一样。更加不可以将脚从鞋里拿出来而纵容异味在办公室里弥漫。

如果公司配发制服，不论这套服装好看与否，都必须按照规定穿着，而且这也和公司的形象有关。当然，可以在衣着规定允许的范围内尽量通过服饰的搭配来展现个性和时尚，如图 1–7、图 1–8 所示。

图 1–7

图 1–8

第三节　休闲服

凡有别于严谨、庄重服装的，都可称为休闲服（casual clothes），如日常穿着的便装或把正装稍作改进的“休闲风格的时装”等（图 1–9）。

休闲服是人们在无拘无束、自由自在的休闲生活中穿着的服装。现代人的生活节奏快，工作压力大，在业余时间追求一种放松、悠闲的心境，反映在服饰观念上，便是越来越漠视习俗，不愿受习俗的约束，而寻求一种舒适、自然的新型服装风格。因此，休闲服以不可阻挡之势侵入了正规服装的世袭领地（一些重大、正规的社交场合除外）。

休闲服之所以备受消费者的青睐，在于它强调对人及其生活的关心，使人们在部分场合和时间里摆脱了来自工作和生活等方面的压力。休闲并非另一种生活方式，而是人们对久违的纯朴自然之风的向往。男式休闲服一般有夹克、格子衬衫、POLO 衫、休闲长裤和牛仔裤等品类。夹克是英文单词“jacket”的直接音译，在词典中的基本解释是“a short coat usually extending to the hips”（长至臀部的短外套）。45 岁以上的男人可能对曾经走红一时的工装式夹克衫留有美好的印象，35 岁左右的男子心目中经典的夹克就是拉尔夫·劳伦（RALPH LAUREN）的基本款夹克，而 25 岁的男生可能对《碟中谍》中汤姆·克鲁斯的皮装夹克更加钟情。夹克的魅力在于夸张了男人强壮的倒三角体形和成熟的气质，同时又具有一种亲和力和方便性，因此成为目前应用最广泛的上装外衣式样（图 1–10）。

图 1-9

图 1-10

很多男装品牌的休闲系列中均有格子衬衫（图 1-11）和休闲长裤。对于格子衬衫，英国式的风格在图案和配色中相对比较典型，如雅格斯丹、帛贝利，它们比较适合与相对简洁而传统的休闲裤相互组合；而美国风格的格子衬衫配色比较鲜艳，具有较强的西部风格，如汤米（TOMMY）、诺蒂卡（NOTICA）、万宝路（MARLBORO）和吉普（JEEP）等，除牛仔裤外，它们和多袋裤等强调闲暇的长裤搭配更加合适。

在男性休闲服中，POLO 衫和牛仔裤已经成为 20 世纪 70 年代以后的经典衣着，它随着美国文化的强势和人们生活中休闲时间的增加而风靡全球，并具有越来越多的变化，堪称现代男人休闲服的典范（图 1-12）。

图 1-11

图 1-12

第四节　运动服

图 1-13

随着时代的进步，运动成为一种时尚，而且除了强身健体和竞技之外，还具有更多的社交和休闲的性质。人们可以选择的运动项目越来越多，网球、高尔夫等运动风靡一时。运动服是现代男性不可缺少的装备之一，各种品牌的运动服正沿着专业化、大众化、时装化等不同方向发展（图 1-13）。

一、运动与服装

在现代生活中，男性对于运动越来越重视，同时对运动服和装备也提出了更高的要求，需要更加专业化、更符合运动项目要求的服装。以泳装为例，如今专业选手们使用的是具有高级仿生技术的“鲨鱼皮”面料，它具有相当好的保护体温、防止吸水、降低阻力的功能。对于普通人而言，尽管穿上传统的游泳裤也不妨碍游泳，但是假如游泳已经成为自己值得炫耀的特色运动项目，自然会愿意花钱去寻求更加专业和先进的游泳衣。

不同的运动项目，其服装的区别很大。所谓“工欲善其事，必先利其器”，一套符合项目要求的专业运动服可以使人们在运动时更加自如，看起来更加专业、更加自信（图 1-14、图 1-15）。

图 1-14

图 1-15

二、 运动服品牌

选择运动服，首先要看它的功能。运动会出汗，因此服装需要具有吸湿、透气等性能；运动中会有较大幅度的肢体动作，因此服装需要具有相应的宽松度和弹性；运动发生在一定的环境中，可

能会与各种器械接触，服装要保护身体不受伤害。总之，对于运动服而言，功能第一。

在后现代的背景下，运动的大众性、娱乐性和休闲性被不断开发，甚至掩盖了运动本身的意义，运动服品牌的数量也越来越多。世界上许多体育运动装备提供商不但为专业运动员提供专门的运动装备，也同样关注大众体育市场。其主要代表有德国的阿迪达斯（ADIDAS）、美国的耐克（NIKE）以及同样来自美国但已被阿迪达斯公司收购的锐步（REEBOK），李宁作为国产品牌也正在奋起直追。它们在追求专业性的同时，在运动服中融入大量的时尚元素，让运动服市场有了全新面貌，而德国品牌彪马（PUMA）则以运动为口号，率先走时装化道路。

从古希腊时代开始，运动就成为展现男人魅力的途径，而在当今的市场竞争中，各大品牌纷纷借助运动明星，通过发达的传播工具传递运动服的美感，让运动的美和服装的美交融。耐克（NIKE）由赞助迈克尔·乔丹开发篮球鞋开始，通过与众多美国职业篮球联赛球星合作逐步崛起。阿迪达斯（ADIDAS）还与世界著名设计师斯黛拉·麦卡特尼合作，推出了更具时尚气息的运动服。

面对如此多的品牌每季推出的运动服，消费者在考虑运动项目特点的同时，可根据自己的偏好，选出最适合自己的运动服。

第五节 居家服

社会上的人都各自扮演着自己的角色，而且根据生活的场景不同，其角色也在不停地转变。对于男人来说，不管他的生活阅历是丰富还是贫乏，至少有两个角色是几乎每天都充当，那就是工作角色和家庭角色。合适的居家服会让男人在忙碌的工作之后，尽情享受家庭的温馨、快乐和轻松。

在经济衰退时代，男人的居家服通常以旧衣物及内衣来充当。当进入商品极大丰富的剩余经济时代，随着生活水平的提升，男人居家实用的衣服，从私密性的内衣、睡衣、浴袍，到较为公开性的晨装、家中待客服装、具备功能性的厨房用围裙、花园劳作的工作装等，门类越来越齐全（图 1-16、图 1-17）。很多服装品牌设计师越来越重视对居家服的开发，因为成功男人必定是享受生活的高手。在纽约曼哈顿号称全球最大的百货店梅西百货（MACY'S）的家居用品部，可以在显眼的位置看到拉尔夫·劳伦的马球（POLO BY RALPH LAUREN）、卡尔文·克来因的CK（CALVIN KLEIN）和诺蒂卡（NOTICA）的男士居家服。虽然大多数中国家庭还没有那么多讲究，但是在超市里，男士的居家用品也越来越多。在男人眼里，居家的意义在于安宁、舒适、放松。因此无论在生理上还是心理上，居家着装首先要求的是舒适。

图 1-16

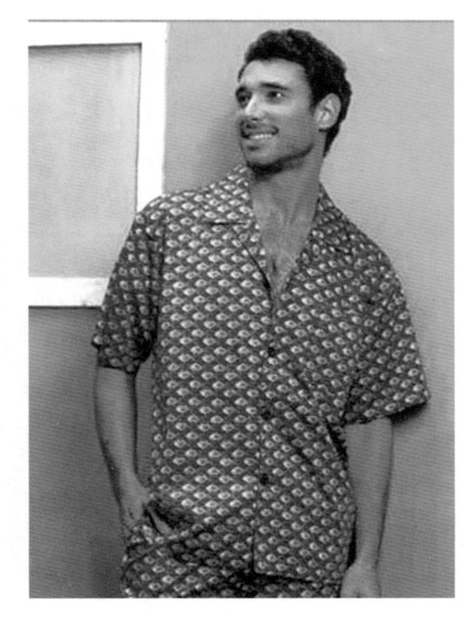

图 1-17

出于居家服的物理舒适性要求，服装的材料必须柔软、吸湿透气性好、色牢度高以及易于护理，因此各种纯棉和棉混纺的色织布、针织布、绒布、毛巾布等成了男士居家服的常用材料，而丝绸由于其优越的舒适性多见于高档的家居服，只是其对于护理性的较高要求使其在现代快节奏社会中较难为上班族家庭看好。

第六节　服饰配件

服饰配件是不可或缺的时髦物品。紧张的上班生活，并没有让追求生活质量的男性远离时尚生活。尽管不能如女性般拥有各式各样的服装，但精致的时髦物品却是男性在工作场合的时髦享受。乾隆年间有扳指和鼻烟壶，基度山伯爵时代有怀表和手杖，而现代社会中从高楼大厦走出的男人，拥有哪些时尚物品呢？颈部的装饰物，足上穿的鞋，腰间的皮带，头上戴的眼镜，手上提的笔记本电脑、皮包，口袋里装的皮夹、打火机，身上喷的香水……毫无疑问，每种物品都会成为着装风格、时尚观念和个人审美观的具体展现。

一、领带和领结

1．领带

（1）领带的流行。自从 19 世纪男性的颈部装饰从领巾转化为领带以后，领带一直紧随时尚变化，主要体现为领带外形、面料和图案以及系结方法的变化。21 世纪的领带时尚主要为国际品牌所引导，并与服装变化密切相关。阿玛尼（ARMANI）、保罗・史密斯（PAUL SMITH）、华伦天奴（VALENTINO）等在新世纪推出了诸多真丝系列领带，其主要特点为色调鲜艳并沉稳，花型小而碎，几何图案精巧别致。

（2）领带的系法。领带系结是否美观，关系到男性的风度。领带有三种基本系法，它们的共同特点是领带的小头一侧不动，大头围着小头绕，这样打开时是活结而不是死结（图 1-18）。

①小结：也称马车夫结，领带的大头压小头，围着小头绕一圈后使大头穿过这个圈系紧（图 1-19）。

②大结：也叫“温莎结”，据说是英国著名的温莎公爵发明的，领带大头压小头后，先在小头一侧绕一圈，然后再回到大头一侧绕自己一圈，再围着小头绕一圈，让头穿过这个圈系紧（图 1-20）。

图 1-18

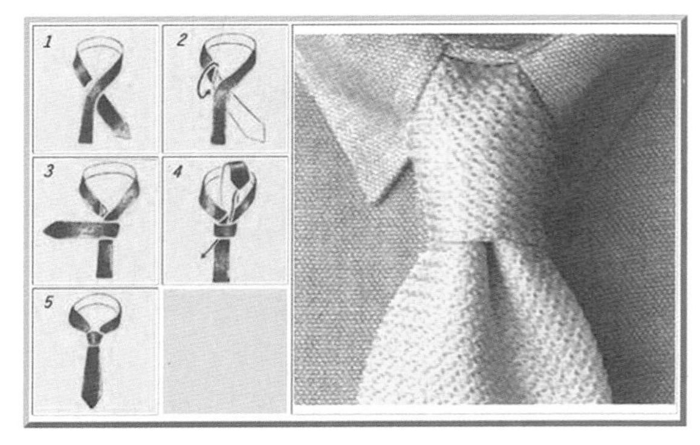

图 1-19

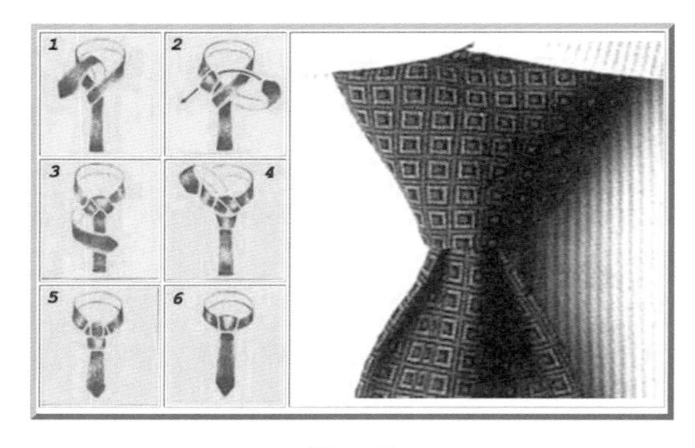

图 1-20

③中结：也叫“十字结”或“半温莎结”，结的大小介于小结或大结之间，大头压小头后，先在大头一侧绕一圈，再围着小头绕一圈，然后让大头穿过这个圈系紧（图 1-21）。

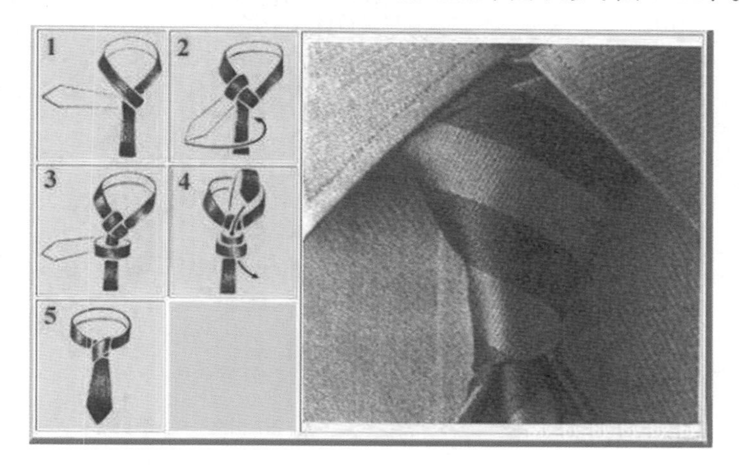

图 1-21

（3）领带的选用原则。领带是男性在社交活动中使用最为频繁的颈部装饰。它的选用主要遵循以下原则：

①依据社交活动的正式性和庄重程度及活动的性质选择合适的领带。如果参加比较隆重的开业典礼，杂花样式的领带自然不适合；如果参加轻松的记者见面会或鸡尾酒会，领带的花形和颜色可以选择比较明快的风格。

②选用领带时需要注意其与服装的色调配合，首先要遵循外衣、衬衫、领带的基本配色要求。目前被时尚界推崇的有四种基本配色方法：

浓、中、淡：淡蓝的西装、群青绿的衬衫，需要配上普鲁士蓝的领带，以表示出职场男性沉着稳健的气质。

淡、中、浓：以深色西装为中心，过渡到浅色的领带，既有层次又有节奏，如黄褐色的领带、棕色的单色衬衫、栗色的西装，浑然一体。

淡、浓、淡：以深色衬衫为中心，与浅色领带和浅色西装相呼应，“二浅夹一深”的配色特点在国外被称为“三明治”。

浓、淡、浓：这是中年人的常用搭配，例如素色衬衣，深色西装与各种图案、色彩的领带搭配。尤其要注意领带与衬衫的搭配，领带与单色衬衫搭配时，原则上只要留意颜色是否协调。白色、浅色衬衫可以配灰、蓝、绿等色调的领带，白衬衫与颜色活泼或花样大胆的领带搭配亦可。一些明亮色调如蓝色、粉色、乳黄色、银灰色的衬衫，可以搭配蓝色、胭脂红色和橙黄色领带；而褐色、灰色等比较暗色的衬衫可以搭配暗褐色、灰色、绿色的领带。

领带和花纹衬衫的搭配要讲究“错位”，条纹衬衫搭配领带时要避免条纹宽窄和方向一致，格子衬衫基本只适合搭配单色素面的领带，而暗格图案的衬衣则可以搭配有花纹的领带。另外，领带和衬衫的图案在大小和内容等方面也需要和谐，以显现身份、品位和意趣，如图 1-22 所示。

③使用领带时还需要考虑季节性。通常夏日里使用轻软型的领带，最好为丝绸材质，以冷色凋为主，领带结打得比较小，给人清爽的感觉；秋、冬季节的领带颜色以暖色调为主，这样能在视觉上产生温暖的感觉。

2. 领结

尽管使用领结的机会不多，但是了解领结的基本用法还是很有必要，以备不时之需。能够将领

图 1-22

结打好的男人很多时候会赢得尊重和赞赏的眼光。

领结又称蝴蝶领结，因弗兰克·西纳特拉而闻名，在 20 世纪 50 年代一度复兴成为主流时尚的代表（图 1-23）。事实上，可以根据领结的颜色来区分着装是否庄重，黑色领结要求搭配无尾晚礼服，而白色领结是晚礼服中最正式的领结样式。白色领结和燕尾服搭配，被看作最正式的礼服组合。

图 1-23

此外，不同款式的衬衫、西装，要搭配不同形式的领结。领结的大小，要视衬衫领子的形状而定。领面较宽的领带最好用温莎领结，领面较小、较窄时，则应该打小领结，以保持整体的平衡性。

二、鞋

尽管就体积或视觉注意力而言，鞋作为服饰的组成部分，远不如上衣和裤子引人注意，但是，重视个人形象的男士很注重鞋的选择。

对于现代男性需要多少双鞋，形象设计师给出的答案是，一个注重外表的男士最少需要 9 双鞋：用来搭配相对正规服装的正装皮鞋 3 双、休闲式皮鞋 2 双、晨练时的跑步鞋 2 双、打球用专业运动鞋 1 双以及在家里穿的拖鞋 1 双。若考虑到远足旅游或登山，那么最好配 1 双旅游鞋和 1 双专业的登山鞋。

上班穿用的皮鞋，皮质以光面头层皮为正规，式样以简洁为宜，系带或者套穿式样均可，但必须穿着舒适，而且质量要求较高（图 1-24）。在办公室里通常可以选用与服装同色系的皮鞋，以深色和黑色较为合适。正规的皮鞋以古琦（GUCCI）、菲拉格慕（FERRAGAMO）、百利（BALLY）以及华伦天奴（VALENTINO）等为代表，半正式和休闲的皮鞋则有乐步（ROCKPORT）、齐乐（CLARK）和骆驼（CAMEL）等。很多大牌男装均有鞋类产品，国内的专业皮鞋也有些不错的品牌，如素人品牌的手工鞋等。在运动鞋品牌上，著名的有耐克（NIKE）和阿迪达斯（ADIDAS），国内的李宁和安踏也可以列在考虑范围内，如图 1-25、图 1-26 所示。

图 1-24

图 1-25

图 1-26

三、皮带

十几年前，国内有一种很流行的男性装扮——花纹独特的腰带上别着手机、传呼机、钥匙包，甚至打火机，这使人联想到古代中国男性腰间的装饰——喜文者的扇套和荷包，习武者的刀剑和火石，为官者的玉佩，这些都成了地位和品位的象征。如今，男性装备种类增多，简洁风尚盛行，男士已经很少在腰间挂太多东西，但是对皮带的重视却有增无减。

皮带和整体着装的完美搭配是其他服饰无法取代的，因为它除了有固定下装的功能外，还是男装中最重要的横向风割线的体现。这也是金利来、鳄鱼、迪奥（DIOR）等诸多国际品牌推出皮带产品的原因之一。皮带的质地、花色、钩扣决定了其价格。皮带的常用材料有牛皮、羊皮、鳄鱼皮、猪革以及帆布材料，压纹和肌理效果多见漆皮、磨砂、龟裂纹等多种。皮带流行中的重要因素是钩扣和皮带的宽度，宽大的回形扣、方形扣是近年的时尚，较宽的装饰性皮带也在流行之中，如图 1-27 ~ 图 1-29 所示。

图 1-27

图 1-28

图 1-29

如果用一个词来形容皮带选用的要诀，那就是精致。当然，皮带的长度是因人的腰围不同而变化的，通常适合的长度是当皮带系好之后，其尾端介于第一与第二个裤绊之间。

四、手表

自从手机普及之后，手表便从很多人的手腕上消失了。真正讲究生活品位的人依旧佩戴手表。

手表代表着一个人的时尚和品位，甚至成为财富的象征，如流行不衰的欧米茄、雷达、天梭等手表品牌就是很好诠释。而阿玛尼（ARMANI）、D&G 等推出的时尚手表，则是男性时尚程度的表现，如图 1-30 所示。

图 1-30

五、提包

对于现代男人来说，提包是不可缺少的，因为在日常生活中，需要随身携带的东西越来越多，如钱包、香烟、火机、钥匙、手机、笔记本电脑以及商务文件等。

一个好的提包可以让人显得更加利落，也能让人显得从容和有风度。提包的种类有多种，除非有特殊需要或者刻意追求，切忌选择体积太大的提包，可以按照需要选择尺寸和式样合适的提包（图 1-31）。

六、香水

男士香水的种类不多，具有香根草、烟草、皮革等香气的馥奇香型，属于传统的男人香，娇兰（GUERLAIN）是其中的代表；最适合东方男人选用的东方香型，以鹭香、檀香木为主调，三宅一生（ISSEYMIYAKE）出品的"一生之水"香水就非常典型；难以捉摸的薰台香型香水，是 CK 和 Hugo Boss 的主打产品；高田贤三（KENZO）和阿玛尼的香水则偏向于自然香型，用柑果、木香和多种草香组合成香调，添入茉莉和丁香等花香，给人一种爽朗怡人的感觉（图 1-32）。

图 1-31

图 1-32

思考与训练

1. 按穿着场合服装可以划分为哪几类？
2. 请列举你所知道的运动服的品牌。
3. 操作练习几种领带的系法。

第二章 男装结构设计基础知识

第一节 体型观察与量身法

一、体型观察

男装基础知识

人的体型受环境、年龄、职业等的影响因人而异，详细观察体型可以使制作的衣服更为合体。

人由于骨骼、肌肉、皮下脂肪的不同而或胖或瘦、或高或矮，又由于职业、环境、运动、营养状态等原因而具有不同体型。我们所说的体型观察是为了制作衣服，所以不必很精确。如果考虑使衣服适合体格与材料，则必须辨别是标准体型还是特殊体型，充分了解合乎体型的制图以及工艺上的操作，而后，多方面了解更多的体型，总结经验。

二、男性体型的分类

为制作一件好的衣服，就必须掌握基本体型（图 2-1）。配合衣服制作的目的可将男性体型大致分为：

（1）标准体型：高度与宽度与身体周围的比例均衡的体型，亦称作正常体型。

（2）肥胖体型：与身高相比腰围偏大，尤其腹部向前方大大凸出来的体型。

（3）瘦型体型：腰围相对全体而言很纤细，此体型的人的腹部比标准体型的人更小。

三、男性体型的特征

（1）胸部的厚度：男性胸部较厚，而女性胸部较高。

（2）胸围、腰围、臀围的差：女性差数较大，男性差数小（呈直筒形）。

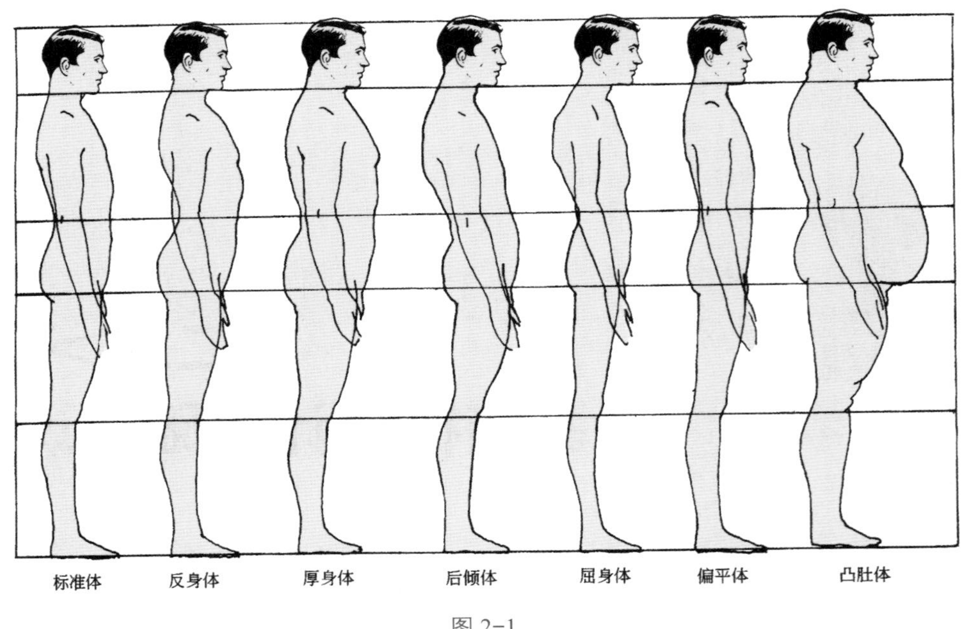

图 2-1

（3）臀部：女性臀部因皮下脂肪多而圆，男性臂部则较宽。

（4）头围：男性大于女性。

（5）肩宽：男性较大。

四、体型测量

男装所采用的量体方法，不同于传统的量体裁衣，它是测量人体的基本尺寸作参数，而不是为设计某种服装所测量的尺寸，即为任何服装的设计确定的内限尺寸（净尺寸）。“标准尺寸”就是在此基础上，根据人体的特征、穿用者的爱好、流行因素等加以修正完善的，旨在达到理想化、标准化和可塑性的目的。男装规格即由此方法而定。可见“标准尺寸”在服装工业生产中是至关重要的。同时，它亦对单件的量体裁衣具有指导意义，因为，这种方法并不注重人体各尺寸的实录，而是在可能的范围里优化以达到弥补人体自然缺陷的目的。体型测量具有广泛的实用价值。

1．测量要领

（1）要确定内限尺寸，即确定服装基本结构的重要参数。为了测量的准确性，被测者要穿衬衣测量。进行围度测量时还要将衬衣所占有的部分减掉，一般穿衬衫测量减去 1 cm，穿西服背心测量减去 1.5 cm，穿薄毛衣测量减去 2.5 cm。设计者可以依据基本数据进行设计，或增或减。

（2）要采用定点测量的方法，保证各部位测量尺寸的准确性，以避免凭借经验猜测。例如，测量围度时要先确定测位的凸凹点，测量胸围应以胸大肌的凸点为测点，测量腰围应以腰部的最凹点为测点，然后作水平测量。长度测量是以有关测点的总和为准，如袖长是肩点、肘点和尺骨点连线之和。

（3）要采用统一计量单位测量，测量者所采用软尺必须是以厘米为单位，以求得标准单位的规范统一。在测量围度时，软尺贴紧测位绕一周，其状态以软尺既不脱落，被测者又没有明显的勒紧感为最佳。长度一般随人体起伏，并通过中间测点进行测量。

2．测量的部位

测量的部位包括如图 2-2 ～图 2-7 所示。

（1）总长。从后领根的 O 开始量到脚后跟的 L，这一尺寸是决定衣长的标准。

（2）西服的衣长。从 O 到 C，也即以 $O \sim L$ 的 1/2 为标准，然后根据流行元素和喜好来增减，一般定为总长的 1/2 左右。

（3）大衣的衣长。从 O 到 A，也即以 $O \sim L$ 的 3/4 为标准，然后与西服的衣长一样根据流行元素和喜好来增减。

（4）礼服的衣长。从 O 到 M，根据流行元素有所增减，但是大致可以定为 $O \sim L$ 的 3/4+（5 ~ 6）cm。

（5）背长。从 O 到 W，根据流行元素有所增减，一般可以定为 $O \sim L$ 的 1/4+6 cm 左右。大衣的背长一般为 $O \sim L$ 的 1/4+（8 ~ 9）cm，礼服的背长一般为 $O \sim L$ 的 1/4+（5 ~ 7）cm。

（6）肩宽。从 O 到肩尖 S。肩宽是比较难量的地方，要尽可能量得正确。根据流行元素对肩的高低或宽窄等进行设计变更的情况较多。为了实现这些变化，要以实测的尺寸为基础进行适当改变。

设计时，以背宽和前宽为参考，设定肩宽的创意尺寸更为重要。

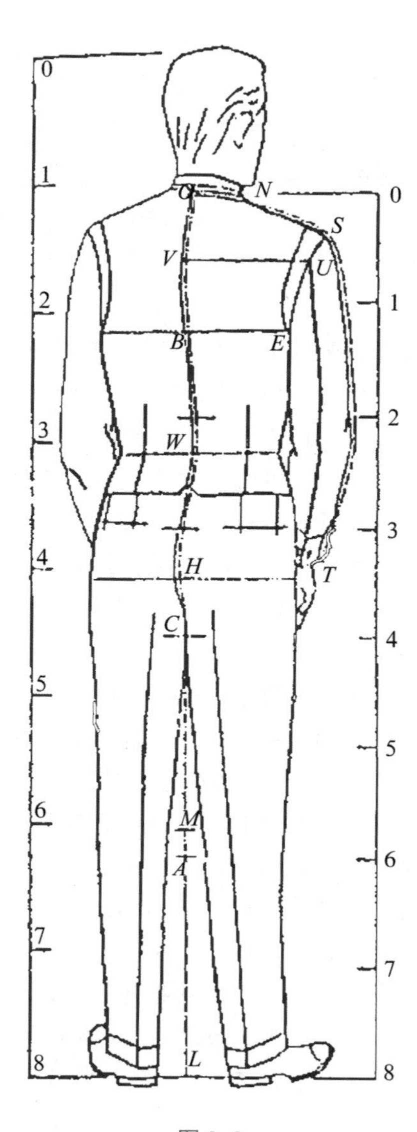

图 2-2

图 2-3

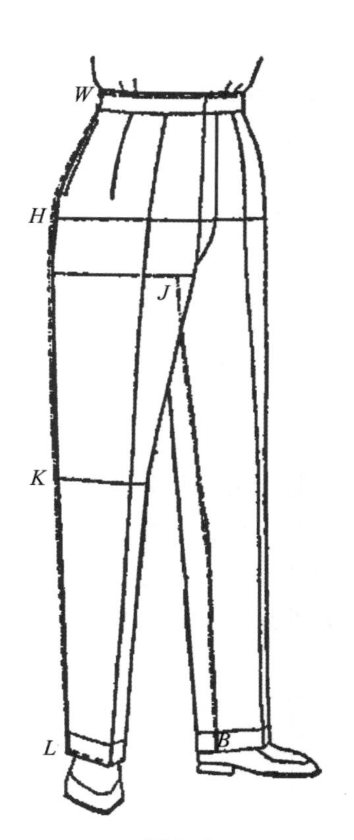

图 2-4

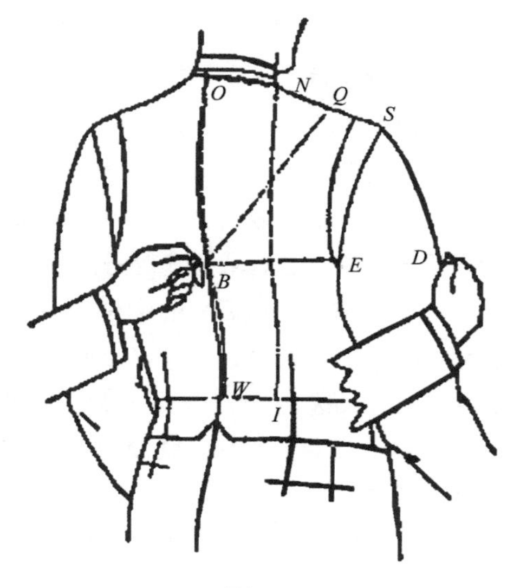

图 2-5

除了极端的挺胸、曲背，对普通体型来说背宽、前宽是次要的，不量也可以。

（7）总袖长。从后领圈中央 O 经过 S 量到手腕 T。这时要考虑到垫肩的厚度，放长 2 cm 左右。

（8）袖长。从 S 到 T。这一尺寸是总袖长减去肩宽的余额，不用重新量。

（9）背宽。从 V 量至 U，V 位于 OB 的 1/2 处。如果肩胛骨鼓起，要增加尺寸，但不要与驼背混淆。

（10）胸围。以两腋下为基准从 D 开始，经后背的 EB 然后通过 F 回到 D 量一圈，要水平量，量时尺子内可放进两指。

（11）中腰。从 Y 经后背的 W 以及 Z 到 Y 量一圈。该尺寸在做礼服和晚装等腰围比较紧的服装时使用。用于裤子的腰围，请另外在皮带上不加放松量取。

（12）臀围。沿臀部最高点水平量取，这时尺子可稍微拉紧一点。

（13）前宽（前胸宽）。从臂根 D 量至中间的 F。

（14）马甲长。从后领圈中央的 O 经 N 量到前摆 G。应注意前摆角和扣子的位置，最下面的扣子扣上时应该看不到皮带。

（15）腹宽。从 D 的垂直下方 Z 量至中央 Y 处。该尺寸主要用于挺腹和腰部弯曲的体型。另外，从 O 经 Z 量至 Y，可以知道上部的挺胸、曲背的量。

（16）裤长。从股上的上方 W 量至脚口 L。

（17）股下。从裆底 J 开始量至脚口 B。与股上的深浅一样，股下的长短也是由个人的喜好决定。

（18）脚口宽。从后片的折缝经 L 量至前片的折缝。

（19）股宽。量裆底 J 的外侧的半度。在制图上用得较少，仅用于参考。

（20）中裆宽（膝宽）。量在股下 1/2 处往 4 cm 左右的 K 膝线的外侧半度。

图 2-6

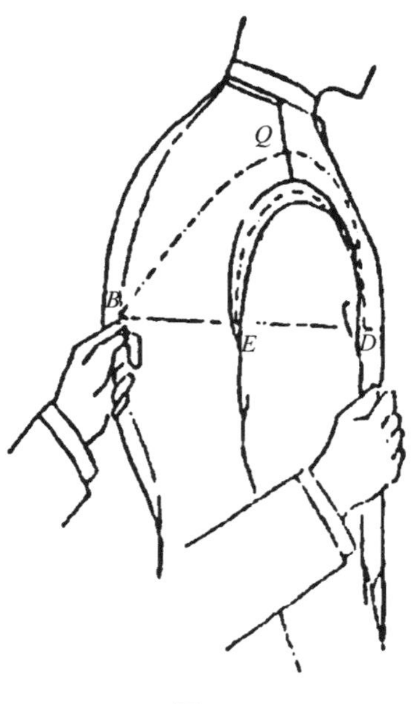

图 2-7

（21）袖窿深。把尺子水平放在两腋下胸围线与后中心线的交点 B，从 B 量至 O。该尺寸是了解肩的高低以及挺胸、曲背程度的最重要尺寸。

（22）前肋。从后片的中央基点 B 开始经过右腋下量至前肋的 D。该尺寸也与袖窿深一样，是为了了解挺胸、曲背或者肩胛骨凸出的体型，可以从 W 线上的 I 开始量至 N，作为制图时的参考。

（23）前肩。从后领圈中央的 O 开始经 N 量至前肋的 D。另外，从 O 经 N 量至 R 作为制图时的参考。另外，与后背的 N 与 I 之间一样，量前片的 N 到 W 线上的 X 的距离，有助于了解前、后衣长的平衡。从后领圈 O 经 N 到 F 为前衣长。

（24）越肩。量从前肋 D 经肩上 Q 到后片中央 B 的距离。该尺寸有助于知道肩胛骨的凸出量和身体的厚度。

另外，量从 D 经肩端上方到背肋 E 的尺寸，可以知道上袖的高度和大小。量从 D 经腋下到 E 的尺寸可以知道上袖宽的分量，作为制图的参考。

图 2-8 所示是短寸法量体在制图上的图解说明。

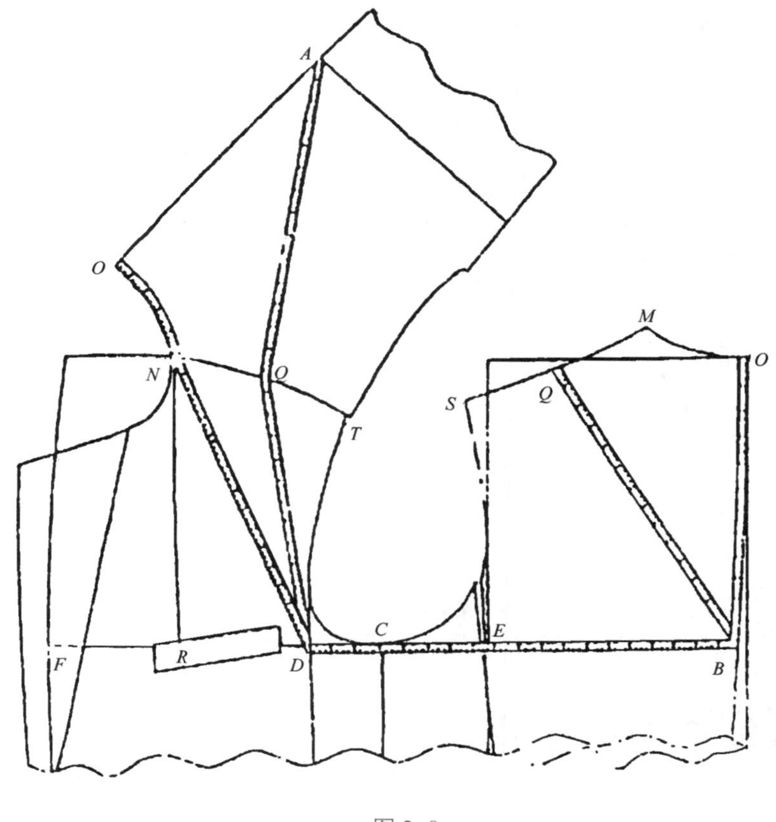

图 2-8

$O \sim A$ 是袖窿深加 1 cm 放松的长度。

$A \sim D$ 是经过腋下 $E \sim C$ 测得的尺寸加上 4 个缝份和放松量的长度。

$O \sim N \sim D$ 是前肩尺寸加上肩的 2 个缝份和放松量的长度。

$D \sim Q \sim A$ 是越肩尺寸加上肩的 2 个缝份和放松量的长度。

另外，也有量取 $O \sim N \sim R$、$O \sim N \sim F$、$D \sim T \sim S$ 等的尺寸应用于制图的。

此外，$O \sim S$ 是肩宽，$A \sim E$ 是背宽，$E \sim D$ 是侧片宽，$D \sim F$ 是前宽。根据上身的放松尺寸，可对这几处的分配比例进行适当的增减。

不同类型男装的胸围加放量见表 2-1，不同类型男裤的臀围加放量见表 2-2，不同类型男裤尺寸见表 2-3。

表 2-1　不同类型男装的胸围加放量　　cm

服装类型	加放量
贴体型	6 ~ 11
较贴体型	12 ~ 15
较宽松型	16 ~ 20
宽松型	20 ~ 24
马甲	6 ~ 10
大衣	24 ~ 30

表 2-2　不同类型男裤的臀围加放量　cm

裤子种类	加放量
较贴体型（无裥）	5 ~ 8
一般型（单裥裤 / 双裥裤）	9 ~ 12
较宽松型（双裥裤）	13 ~ 16

表 2-3　不同体型男裤尺寸　cm

项目＼体型	正常体	小肉肚	中肉肚	大肉肚
腰围	70 ~ 80	80 ~ 85	86 ~ 92	93 以上
臀围	100 ~ 106	108	110	112
臀围减腰围	30 ~ 33	25	20	15
直裆	30	31.5	32	32.5
参考前翘程度	0	0.5 ~ 0.7	1.0 ~ 1.2	1.7 ~ 2.0
其他	两只裥与省	裥与省减小	可一只裥、省收小	前困出或单裥、无裥

第二节　男装号型与应用

随着成衣化工业的飞速发展，服装产品在国际范围内的流通范围日趋扩大，这就要求成衣规格具有适应面宽、科学性强、标准化程度高和易记的特点。

适应面宽主要表现在规格尺寸划分得非常详细，号型齐全，以适应各种体型的消费者，这不仅使一般体型的人可以买到不同风格的成衣，同时也使特殊体型的人加入规格化成衣的行列。

科学性强即制定规格时要尽可能达到在大跨度的尺寸中趋于合理和协调，避免非规格化成衣的变形。

标准化程度高体现在两个方面：一是规格尺寸具有综合性特点；二是标准规格所采用的尺寸是“内限尺寸”（基本尺寸），这为各类服装标准化的统一提供了根本前提。

易记，并非指男装规格越简单越好，它是指应将必要的尺寸用最概括、说明性强、容易记忆的代码加以表示。

一、我国服装号型标准

1．男装的国家号型标准

我国的男装规格，从男装国家标准《服装号型 男子》（GB/T 1335.1—2008）来看，基本上可以和国际标准接轨。

号指人体的身高，以厘米为单位，是设计和选购服装时长度的依据。

型指人体的胸围或腰围，以厘米为单位，是设计和选购服装时肥瘦的依据。

号型的定义表明，该规格不对某个具体产品作出限定，而是所有服装设计、选购的依据。

男装国家标准为了增强适用的范围，拓宽了号型系列（表 2-4）。号型系列各数值均以中间体型为中心向两边依次递增或递减，各数值的意义表示成衣的基础参数。

表 2-4 体型分类代号的适用范围 cm

体型分类代号	Y	A	B	C
胸围与腰围的差数	17 ~ 22	12 ~ 16	7 ~ 9	2 ~ 6

2．服装号型的范围

新号型中规定，成年人上装为 5・4 系列。其中前一个数字“5”表示“号”的分档数值。成年男子从 155 号开始至 185 号结束，共分为 7 个号。成年女子从 145 号开始至 175 号结束，也分为 7 个号。后一个数字“4”表示“型”的分档数值。成年男子胸围为 72 ~ 100 cm，成年女子胸围为 72 ~ 96 cm，每隔 4 cm 为一档。下装为 5・2 系列。女子为 54 ~ 82 cm，男子为 56 ~ 88 cm，每隔 2 cm 为一档。

3．服装号型的标注

服装产品进入销售市场，必须标明服装号型及人体分类代号。服装号型的标注形式为“号 / 型、体型分类代号”。例如，男上衣号型 170/88A，表示本服装适合于身高为 168 ~ 172 cm、胸围为 86 ~ 89 cm 的人穿着；“A”表示胸围与腰围的差数为 16 ~ 22 cm 的体型。又如，女裤号型 160/68A，表示该号型的裤子适合于总体高为 158 ~ 162 cm、紧胸围为 67 ~ 69 cm 的人穿着，“A”表示胸围与腰围的差数为 18 ~ 14 cm 的体型。

表 2-5 ~表 2-8 所示是 5・4、5・2 号型系列。

表 2-5 5・4、5・2 号型系列 Y 体尺寸 cm

身高 腰围 胸围	155		160		165		170		175		180		185	
76			56	58	56	58	56	58						
80	60	62	60	62	60	62	60	62	60	62				
84	64	66	64	66	64	66	64	66	64	66	64	66		
88	68	70	68	70	68	70	68	70	68	70	68	70	68	70
92			72	74	72	74	72	74	72	74	72	74	72	74
96					76	78	76	78	76	78	76	78	76	78
100							80	82	80	82	80	82	80	82

表 2-6 5・4、5・2 号型系列 A 体尺寸 cm

身高 腰围 胸围	155			160			165			170			175			180			185		
72				56	58	60	56	58	60												
76	60	62	64	60	62	64	60	62	64	60	62	64									
80	64	66	68	64	66	68	64	66	68	64	66	68	64	66	68						
84	68	70	72	68	70	72	68	70	72	68	70	72	68	70	72	68	70	72			
88	72	74	76	72	74	76	72	74	76	72	74	76	72	74	76	72	74	76	72	74	76
92				76	78	80	76	78	80	76	78	80	76	78	80	76	78	80	76	78	80
96							80	82	84	80	82	84	80	82	84	80	82	84	80	82	84
100										84	86	88	84	86	88	84	86	88	84	86	88

表 2-7　5・4、5・2 号型系列 B 体尺寸　　cm

胸围＼腰围＼身高	150		155		160		165		170		175		180		185	
72	62	64	62	64	62	64										
76	66	68	66	68	66	68	66	68								
80	70	72	70	72	70	72	70	72	70	72						
84	74	76	74	76	74	76	74	76	74	76	74	76				
88			78	80	78	80	78	80	78	80	78	80	78	80		
92			82	84	82	84	82	84	82	84	82	84	82	84	82	84
96					86	88	86	88	86	88	86	88	86	88	86	88
100							90	92	90	92	90	92	90	92	90	92
104									94	96	94	96	94	96	94	96
108											98	100	98	100	98	100

表 2-8　5・4、5・2 号型系列 C 体尺寸　　cm

胸围＼腰围＼身高	150		155		160		165		170		175		180		185	
76			70	72	70	72	70	72								
80	74	76	74	76	74	76	74	76	74	76						
84	78	80	78	80	78	80	78	80	78	80	78	80				
88	82	84	82	84	82	84	82	84	82	84	82	84	82	84		
92			86	88	86	88	86	88	86	88	86	88	86	88	86	88
96			90	92	90	92	90	92	90	92	90	92	90	92	90	92
100					94	96	94	96	94	96	94	96	94	96	94	96
104							98	100	98	100	98	100	98	100	98	100
108									102	104	102	104	102	104	102	104
112											106	108	106	108	106	108

4．服装号型的应用

新服装号型中规定了各系列的控制部位数值，见表 2-9。控制部位共有 10 个，即身高、颈椎点高、坐姿颈椎点高、全臂长、腰围高、胸围、颈围、总肩宽、腰围、臀围，它们的数值都是以“号”和“型”为基础确定的，首先以中间体的规格确定中心号型的数值，然后按照各自不同的规格系列，通过推档而形成全部的规格系列。所谓“中间体”又叫作“标准体”，是在人体测量调查中筛选出来的、具有代表性的人体数据。

表 2-9　男性 5・4/5・2A 号型系列控制部位数值　　cm

部位	数值							
身高	155	160	165	170	175	180	185	
颈椎点高	133.0	137.0	141.0	145.0	149.0	153.0	157.0	
坐姿颈椎点高	60.5	62.5	64.5	66.5	68.5	70.5	72.5	
全臂长	51.0	52.5	54.0	55.5	57.0	58.5	60.0	
腰围高	93.5	96.5	99.5	102.5	105.5	108.5	111.5	
胸围	72	76	80	84	88	92	96	100
颈围	32.8	33.8	34.8	35.8	36.8	37.8	38.8	39.8
总肩宽	38.8	40	41.2	42.4	43.6	44.8	46.0	47.2

续表

部位	数值																							
腰围	56	58	60	60	62	64	64	66	68	68	70	72	70	74	76	76	78	80	80	82	84	84	86	88
臀围	75.6	77.2	78.8	78.8	80.4	82.0	82.0	83.6	85.2	85.2	86.8	88.4	88.4	90.0	91.6	91.6	93.2	94.8	94.8	96.4	98.0	98.0	99.6	101.2

成年男子中间体标准为：总体高 170 cm、胸围 88 cm、腰围 76 cm，体型特征为“A”型。号型表示方法：上衣 170/88A、下装 170/76A。成年女子中间体标准为：总体高 160 cm、胸围 84 cm、腰围 68 cm，体型特征为“A”型。号型表示方法：上衣 160/84A、下装 160/68A。在制图时最好选择中心号的规格，这样做的目的是制作系列样板时便于推档。

服装号型标准中规定的数值是人体主要控制部位的净体规格，并没有限定服装的产品规格，所以在实际应用中，应以新号型为依据，结合具体的穿着要求和款式造型特点，确定相应的服装规格。

在日本和欧美服装规格中，都配有详尽的标准参考尺寸，这是设计者进行标准化纸样设计时不可缺少的依据，同时也作为样板推档的参数。我国新的男装标准，是在 8 个系列号型中均配有“服装号型各系列控制部位数值”，它是人体主要部位的数值（系净体数值），基本功能和通用的国际标准参考尺寸相同。

二、日本男装规格及参考尺寸

日本男装规格具有典型国际成衣标准的特点，同时，亦可以作为我国男装成衣设计、生产和选购的参考。日本成衣规格以 JIS（日本工业规格）作为基础，男装规格亦是以此作为根据制定的。围度表示以胸围净尺寸作为代码，如 86、88、90 等。体型类别以胸围和腰围之差划分为 7 种类型：

Y——瘦体型，两项差为 16 cm；YA——较瘦体型，两项差为 14 cm；A——普通体型，两项差为 12 cm；AB——稍胖型，两项差为 10 cm；B——胖体型，两项差为 8 cm；BE——肥胖体型，两项差为 4 cm；E——特胖体型，两项差为 0 cm。

身高有 8 个等级：1 表示身高 150 cm；2 表示身高 155 cm；3 表示身高 160 cm；4 表示身高 165 cm；5 表示身高 170 cm；6 表示身高 175 cm；7 表示身高 180 cm；8 表示身高 185 cm。

由此构成了总括人体（亚洲型）的全部规格，再加上必要的参考尺寸就获得了日本男装规格和参考尺寸，表 2-10。

表 2-10　日本男装规格及参考尺寸　cm

类别 \ 部位		参考尺寸												
		身高	胸围	腰围	臀围	上衣长	肩宽	袖长	袖口	股下	股上	裤口	背长	领围
14	86YA3	160	86	72	88	68	42	54.5	13.8	70	22.5	21.5	39	36.5
	88YA4	165	88	74	90	70	42.5	56	14	72	23	22	40	37
	90YA5	170	90	76	92	72	43	57.5	14	74	23.5	22	41	37.5
	92YA6	175	92	78	94	74	43.5	59	14.2	76	24	22.5	42	38
	94YA7	180	94	80	96	76	44	60.5	14.2	78	24.5	22.5	43	39
12	88A3	160	88	76	90	68	43	54.5	13.8	69	23.5	22	39	37
	90A4	165	90	78	92	70	43.5	56	14	71	24	22.5	40	37.5
	92A5	170	92	80	94	72	44	57.5	14	73	24.5	22.5	41	38
	94A6	175	94	82	96	74	44.5	59	14.2	75	25	23	42	39
	96A7	180	96	84	98	76	45	60.5	14.2	77	25.5	23	43	40

续表

类别 \ 部位		参考尺寸												
		身高	胸围	腰围	臀围	上衣长	肩宽	袖长	袖口	股下	股上	裤口	背长	领围
8	90B3	160	90	82	94	68	44	54.5	14	69	25	22.5	39	37.5
	92B4	165	92	84	96	70	44.5	56	14.2	71	25.5	23	40	38
	94B5	170	94	86	98	72	45	57.5	14.2	73	26	23	41	39
	96B6	175	96	88	100	74	45.5	59	14.4	75	26.5	23.5	42	40
	98B7	180	98	90	102	76	46	60.5	14.4	77	27	23.5	43	41
4	92BE3	160	92	88	98	68	44.5	54.5	14.3	68	26.5	23	39	38
	94BE4	165	94	90	100	70	45	56	14.3	70	27	23.5	40	39
	96BE5	170	96	92	102	72	45.5	57.5	14.5	72	27.5	23.5	41	40
	98BE6	175	98	94	104	74	46	59	14.5	74	28	24	42	41
	100BE7	180	100	96	106	76	46.5	60.5	14.7	76	28.5	24	43	42
0	94E3	160	94	94	102	68	45.5	54.5	14.8	64	28	23.5	39	39
	96E4	165	96	96	104	70	46	56	14.8	66	28.5	24	40	40
	98E5	170	98	98	106	72	46.5	57.5	15	68	29	24	41	41
	100E6	175	100	100	108	74	47	59	15	70	29.5	24.5	42	42
	102E7	180	102	102	110	76	47.5	60.5	15.2	72	30	24.5	43	43

第三节　制图工具与符号

一、制图工具

1. 尺类

尺子是服装制图的必备工具，主要用于绘制直线、横线、斜线和弧线、角度和测量人体与服装，核对绘图规格。服装制图所用的尺子有以下几种：

（1）直尺。直尺是服装制图的基本工具，有钢、木、竹、塑料、有机玻璃等材料类型，最适宜制图的直尺是有机玻璃类。因其平直度好，刻度清晰且不易变形等特点而成为服装制图的常用工具之一（图 2-9）。

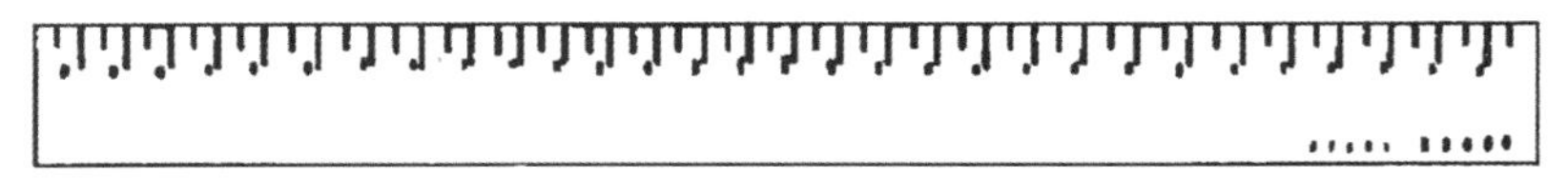

图 2-9

（2）三角尺。三角尺在服装制图中运用广泛，主要用于服装制图中垂直线的绘制。规格不同的三角尺分别用于绘制大图或缩图（图 2-10）。

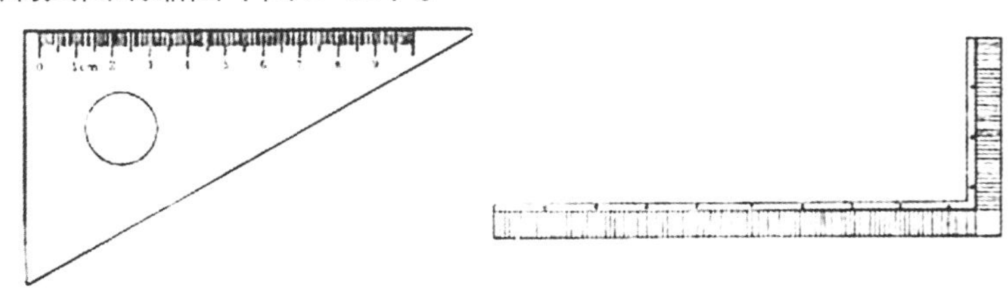

图 2-10

（3）软尺。软尺一般为测体所用，但在服装制图中也有所应用，如复核各曲线、拼合部位的长度等，多用于判定适宜的配合关系（图 2-11）。

（4）比例尺。比例尺用于比例作图。服装结构作业一般多为 1 ∶ 5 的缩图，用比例尺制图可省去计算的麻烦，方便快捷（图 2-12）。

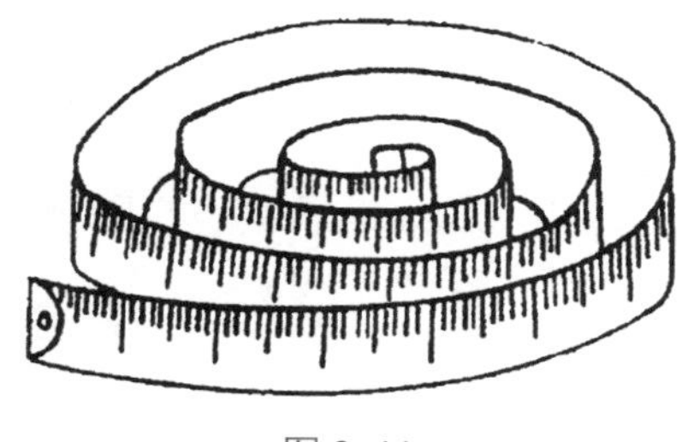

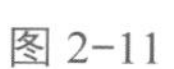

图 2-11

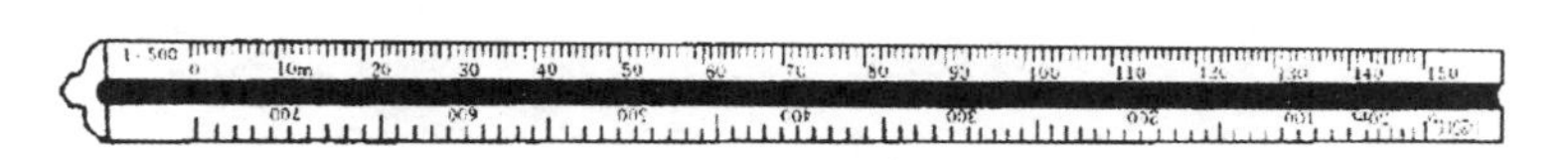

图 2-12

2．量角器

量角器是用来测量角度的工具。服装制图中也用它来测量角度（图 2-13），如肩斜度、袖斜度、领子的倾角等。

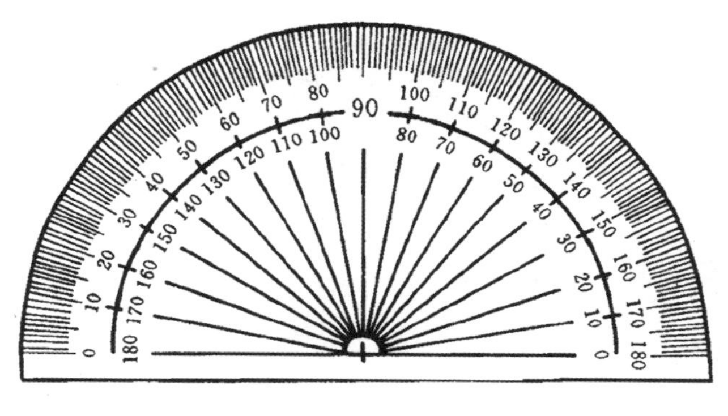

图 2-13

3．曲线板

曲线板一般分为常用曲线板和服装专用曲线板（图 2-14）。

常用曲线板：一般为机械制图所用，现也用于服装制图，主要用于服装制图中弧线部位的绘制。

服装专用曲线板：它是按照服装制图中各部位弧线、弧度变化规律而制成的一种专用于服装制图的绘图工具。

图 2-14

4．绘图铅笔与橡皮

绘图铅笔（图 2-15）是直接用来绘制服装结构图的工具。1 ∶ 5 服装结构缩图一般用标号为 HB 或 H 的绘图铅笔，1 ∶ 1 的服装结构图则需要用标号为 2B 的绘图铅笔。

橡皮用于修改图纸，分为普通橡皮和香橡皮两种。香橡皮去污效果比较好（图 2-15）。

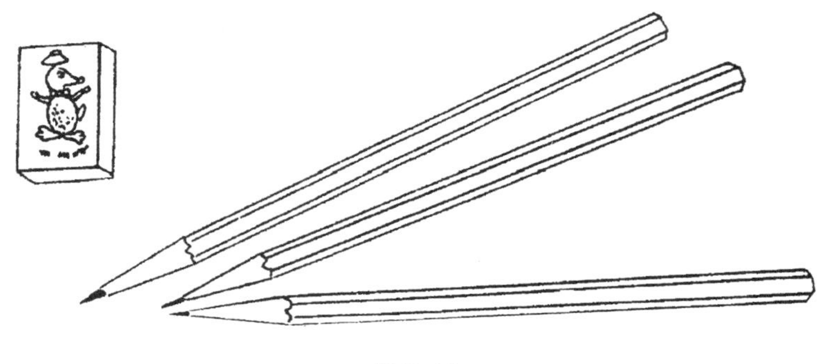

图 2-15

二、制图规则

构制图的程序一般是先作衣身，后作部件；先作大衣片，后作小衣片；先作前衣片，后作后衣片。具体来说，就是先作基础线，后作轮廓线和内部结构线。作基础线时，先横后竖，先定长度，后定宽度，由上而下，由左而右，先画直线后画曲线。

三、结构制图常用符号

结构制图常用符号见表 2-11。

表 2-11　结构制图常用符号

名称	符号	说明
细实线	——	制图基础线
粗实线	━━	制图轮廓线
等分线	⌒⌒⌒	表示划分若干相等距离
点画线	-·-·-·-	裁片连折不裁开
双点画线	—‥—‥—	裁片折边部位
虚线	— — —	表示底层看不见的轮廓线
距间线	|← →|	某部位起始点之间的距离
省道线	V	收取省道形状
褶位线	⌇⌇⌇	表示收褶的工艺要求
裥位线	▨ ▨	表示折叠部分，斜线表示褶叠方向

（续表）

名称	符号	说明
开省号		表示省道需要剪开的标记，张口表示剪开的部位
钻眼号		表示裁片某部位的标记
刀口线		对刀口标记
净样号		表示裁片净尺寸
毛样号		表示裁片包括缝头
经向号		表示服装经向布纹
顺向号		表示材料表面毛绒顺向的标记
拼接号		表示相邻裁片需拼接的标记
省略号		省略长度的标记
否定号		表示图中制错的线条作废标记
归缩号		表示某部熨烫归拢的标记
缩缝号		表示某部位抽缩的标记
拉伸号		表示某部位熨烫拉伸的标记
相等号	△ ☆ ⦰	表示尺寸大小相同
罗纹号		表示衣服下摆袖口装罗纹的标记

思考与训练

1. 简述男性体型的分类和特征。
2. 简述体型测量的要点。
3. 操作练习男体的测量，做好记录。

第三章 男装结构的基本原理

第一节　男装原型的特点

原型是简易化制图的一种方法，是各种款式制图的基础。

男装在款式上没有女装那么多变化，尤其是下半身，除了特殊的例子之外，一般都是以裤子出现。因此，男装原型是上半身的原型，即衣身与袖子的原型。

男装原型主要用于开放式领型的上衣，如西装、便装夹克、简易上衣以及合体衬衫等，所以必须依服装种类或材料、轮廓的变化而变化。

按照国际惯例，男装是要画左半身的，这改变了我国服装行业男装采用右半部分制图的传统习惯。

衣身原型的尺寸设定是以净胸围为基础，以比例为原则，以定寸为补充来进行制图的。只有衬衫与立领的服装要通过领子的尺寸计算来开领口。

第二节　男装原型的绘制方法

男装原型衣身结构

一、 衣身原型

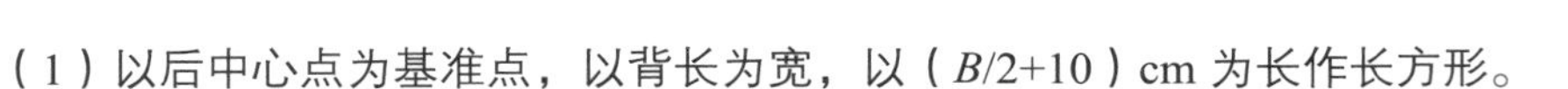

（1）以后中心点为基准点，以背长为宽，以（$B/2+10$）cm 为长作长方形。

（2）在（$B/6+8$）cm 处设置胸围线（BL）的位置。

（3）胸围线（BL）上自前（后）中量取（$B/6+4$）cm 定原型的胸背宽，这样做会使笼门（即人体的厚度）加宽。

（4）后领宽是按 $B/12$ 来确定的，并以后领宽的 1/3 向上定后领深。前领宽是胸宽的一半。

（5）将长方形的一半定为肋线。

具体绘制如图 3-1、图 3-2 所示（号型：92A5、胸围：92、背长：41、袖长 57.5）。

按照国际惯例，原型是要画左半身的。
衣服是依据胸围尺寸与背长尺寸绘制的。

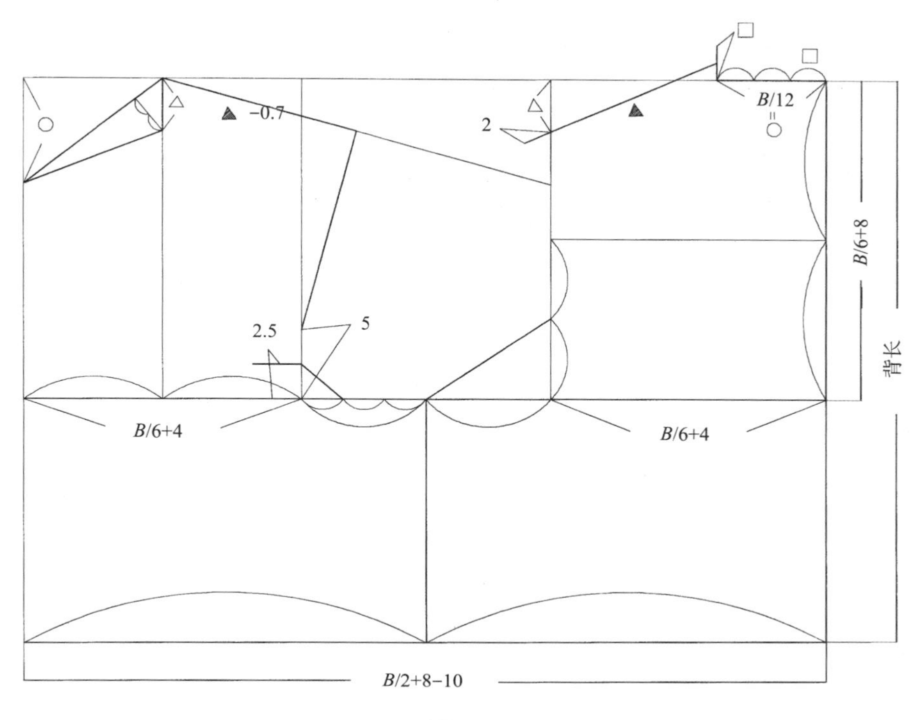

图 3-1

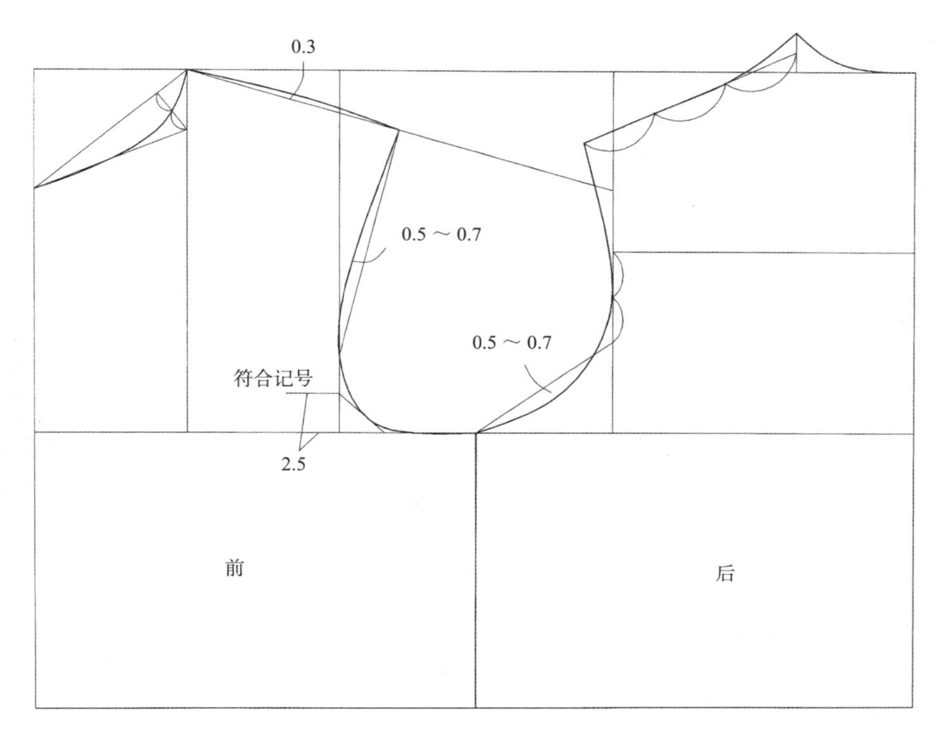

图 3-2

二、袖原型

男装的袖子大部分都采用二片袖。作为袖型的变化来说，有装袖、插肩袖、半插肩袖，以及一片袖等几种，它们广泛应用于西装、外套、风雨衣、简易休闲上衣、衬衫等。

袖子的袖山高与袖肥必须符合服装的造型与功能要求，袖口的宽度以及袖克夫等的款式变化很多。

如图3-3所示[袖山高：(AH/3＋0.7)cm、袖宽：(AH/2−1)cm]，二片袖是袖子的基本型，西装、便装夹克、外套等都采用二片袖。

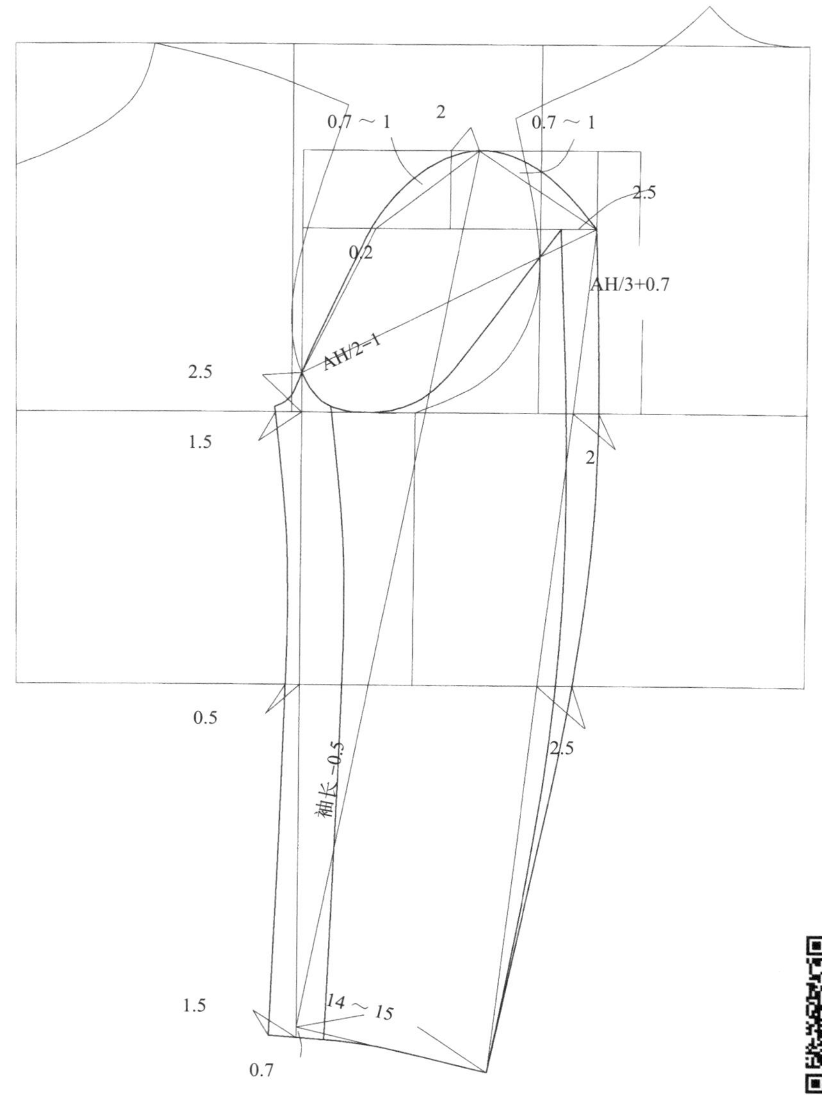

图3-3

男装原型衣袖结构

思考与训练

练习并掌握男装原型的绘制方法。

第四章 裤装的纸样设计

裤子是服装的重要组成部分，它根据上衣的改变而改变。裤子在男装中变化比较小，这和男装的程式化要求有很大关系。在男士的心目中，牛仔裤、休闲裤有着休闲时尚、穿着舒适的优点，但很难进入正式的社交场合，而西裤既可以用于正式场合，也可以用于非正式场合，通过合适的搭配还颇有其他意味（图 4-1）。

图 4-1

第一节 裤子的穿着起源及演变

裤子是现代人穿着的一种服装类型，不管是西方还是东方，裤装的演变都有着悠久的历史。

一、中国裤子的穿着起源及演变

在中国的服装发展历史中，传统服装分为上衣下裳和上、下连属两种形式。其发展变化从雏形到成型经历了如下阶段：

（1）裤子的雏形——商周时期，裤子是一种内衣，为一种不加连裆的套裤，穿时两条裤腿套在胫上。

（2）合裆裤的出现——公元前 302 年，赵武灵王决定进行军事变革，用骑兵制敌制胜，首先面临的就是服装的改革，他将传统的套裤改为裤裆与裤管相连的合裆裤，合裆裤的出现不仅能保护大腿、臀部肌肉和皮肤在骑马时少受摩擦，而且不用在裤外加裳就可外出，在服装功能上有了很大的提高。

（3）裤装外穿的高峰期——魏晋南北朝时期，战事不断，政权更迭，各族人民四处迁移，胡、汉服装互相影响，出现裤褶并流行，这一时期也是中国古代裤装发展的高峰时期，这是裤装第一次也是唯一一次作为正式礼服抛头露面。

（4）裤装的平稳发展时期——唐朝是中国封建社会的鼎盛时期，服饰文化吸收融合域外文化的影响而推陈出新，但裤子作为当时的内衣是男子的服饰，款式变化不大。宋代理学兴盛，按封建理论观念，女子是不能将裤子露在外边穿着的，宋代以后裤子一直沿用传统的样式。特别在上层社会，裤子款式并不作为衣着样式。

（5）西式裤装的出现——辛亥革命后，“中山装”出现并流行，中国传统的满裆裤改为西式裤，既方便又实用，受到社会各界人士的欢迎，至此裤子形式与西方的裤子相同，裁剪受到西方的影响，使裤子更为合体与方便。

二、西方裤子的穿着起源及演变

（1）裤子雏形——人类发展史上最早出现完全分开的裤子是在公元前550年的古波斯，其式样与中国的“胫衣”相同，只是一种护腿而已；产生这种服装的原因，是精于骑射的波斯人往往居住在地势崎岖的山区，他们的双腿需要保护。

（2）连筒袜的出现——进入中世纪，男子穿上紧贴腿部的高筒袜，包腿的长筒袜包至臀部，在两腿外侧用扣子和系带把袜子和内衣系结在腰间，外面罩上外衣，看上去像是穿着紧腿裤，这时的长腿袜是两腿管分离开的。

（3）连裆裤的出现——在文艺复兴的15世纪末期，两只腿管在下腹连接起来，并在此处形成了小荷包的造型，这种样式形成了连裆裤的雏形。17世纪，下腹部的小荷包完全消失，裤子变得宽松起来，从此时开始一直在宫廷内流行马裤，虽然造型千差万别，但其裤脚位置一直徘徊在膝盖上下。

（4）西式长裤的出现——18世纪的最后10年，法国资产阶级大革命对服装的影响非常大，在法国资产阶级大革命的短暂高潮时期（1789—1794年），几乎所有的华美服饰都销声匿迹了，平民的服装成为流行式样而受到欢迎，来自劳动阶层的服装只是为了实用而穿着，且裤脚用带子系在鞋底，最终发展为西式长裤。19世纪的欧洲，随着工业革命（1760—1860年）的深入发展，男子忙于事业的发展，男装则固定为几种基本式样，变化甚微，穿着方面趋于程式化、标准化。男裤在配套、裁剪方法、尺寸与穿着场合组合方式等方面都具有具体、细致甚至严格的规定。

从中、西方裤子的发展来看，中国的合裆裤出现较早，但在合体上没有进展，而西方裤装在文艺复兴后，大踏步地向前发展着，这是由社会政治、经济、文化等因素造成的，时至今日，中、西裤装的设计变化万千，无论在款式还是在裁剪等方面都得到了前所未有的发展。

第二节　裤装的分类及常用材料

一、裤装的分类

长裤的风格主要取决于腰褶裥、裆型、腿型以及裤脚是否翻折和袋型等装饰性细节。经典的双腰褶、中长裆位、微收裆腿、脚边翻折和插袋式便装长裤，体现出男士的老练稳重，这也是拉夫劳伦（UALPHLAUREN）、阿玛尼（AUMANI）、达克斯（DOCKERS）等品牌的基本式样。而身材

保持良好的活力型男士，可能会更加喜欢无腰袒、中低裆的直筒式便装裤。

所谓裤如其人，是因为裤装在很大程度上决定了一个人的衣着形象给别人的感觉，也可以说反映了一个人的审美情趣及其对生活品质的追求。

裤装是下装的主要品种，其结构种类可按以下几种方式进行分类：

（1）按长度分类。

①长裤：长度至脚踝骨。

②中长裤：长度至小腿中部。

③中裤：长度至膝关节下端。

④短裤：长度至大腿中部偏上。

（2）按臀围的放松量分类（图 4-2）。

①贴体型：臀围放松量为 4 ～ 8 cm，如贴体牛仔裤、无褶男西裤。

贴体型　较贴体型　较宽松型　宽松型

图 4-2

②较贴体型：臀围放松量为 8 ～ 12 cm，如单褶男西裤。

③较宽松型：臀围放松量为 12 ～ 18 cm，如双褶男西裤。

④宽松型：臀围放松量在 18 cm 以上，如多褶锥型裤。

（3）按裤子的廓形分类（图 4-3）。

①筒形：整体廓形呈直筒（H 形），指裤脚口适量窄于膝部的造型。

②喇叭形：整体廓形上小下大（A 形），指脚口尺寸大于膝部的造型。

③锥形：整体廓形上大下小（V 形），指脚口很窄，而臀围和裤腿却很宽松的造型。

（4）按裤子的插袋分类。

裤子的插袋可分为直插袋、斜插袋、横插袋、挖袋式插袋，如图 4-4 所示。

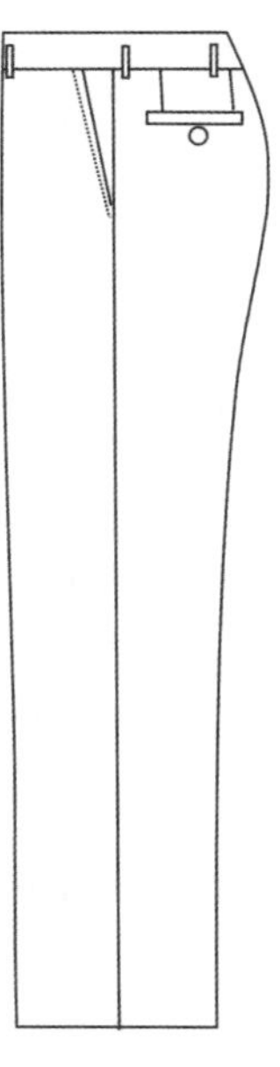

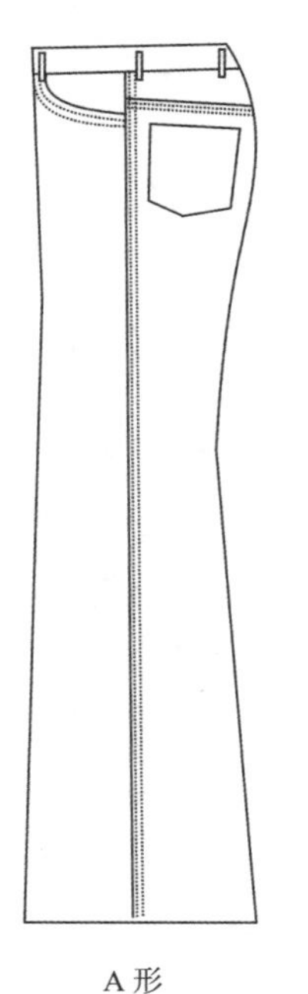

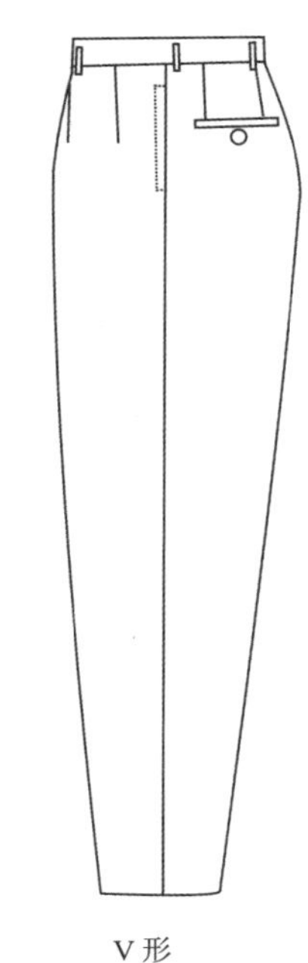

H 形　A 形　V 形

图 4-3

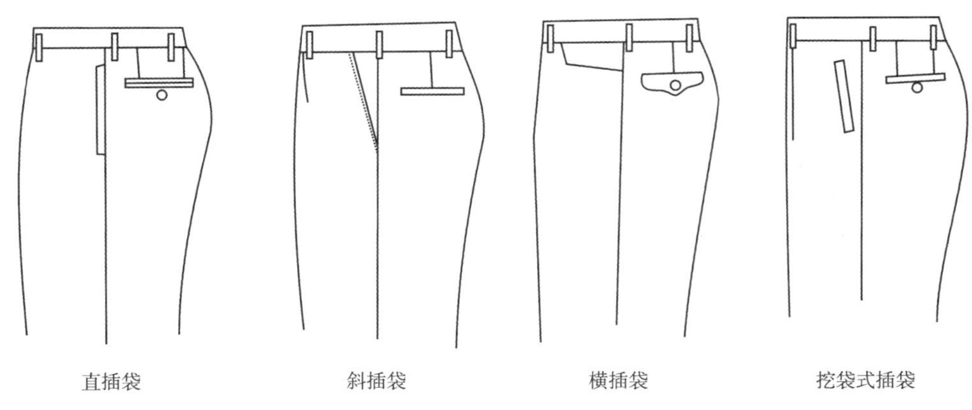

图 4-4

（5）按裤子的褶裥分类。

裤子的褶裥可分为双褶裥、单褶裥、无褶裥，如图 4-5 所示。

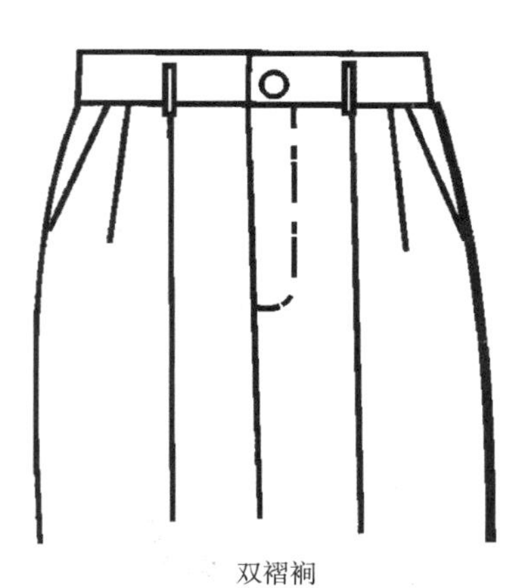

单褶裥

无褶裥

图 4-5

二、裤装常用的材料

一位有品位的男士对于裤装的要求会相当苛刻，对于长裤，不但要求款式大方美观、面料舒适自然、版型合身、做工精良，而且需要其在风格上与上装、鞋等协调一致。

长裤的材料选用非常广泛，棉、麻、毛以及各种合成纤维均可应用。薄型与厚型的纯棉与棉型化纤平斜纹织物是最为常用的休闲裤装面料；薄型与厚型的纯毛与毛涤化纤平斜纹织物是最为常用的西裤面料；纯棉劳动布、牛津劳动布是最为常用的牛仔裤面料。

在面料肌理方面，除常见的平纹、斜纹卡其布等平素织物外，灯芯绒、割绒布也是经典的便装长裤面料，利用花色线或者结子纱构成的暗条格或者隐条格也很常见，而经过涂层处理或者高支高密的织物做成的便装长裤又具有一定的防水防风功能。

三、裤装的选择

在选择裤装之前，首先要明确自己喜欢什么款式、适合什么款式、体型有什么优缺点、平时生活的习惯以及穿着场合等，只有充分了解了这些因素后，才能够选到合适的裤装。

出于穿着是否舒服考虑，裤子直裆的形式显得非常重要。它是指从两腿分叉处开始至腰线的距离，通常分为高、中、短三类。裆短的裤子适合腹部平坦、后身不太大、臀部比较狭的人穿着，但是对于上身长、下身短的人，低裆裤会拉长躯干的长度，而使双腿看上去太短。裆较高的裤子，适合有些发福、躯体较宽、臀部较大的人穿着。小腹鼓起的人穿低裆长裤的以美国人居多，但是中国男士的服装审美观相对保守，大多数人似乎不愿意穿着低裆长裤。

长裤在裤腿造型中较为常见的有锥形和直筒形，裤腿的宽度一般用横裆尺寸衡量。肥瘦程度以坐下时大腿处的裤腿稍微有一点松为好。而类似于在青少年中流行的深裆、肥腿的裤型，并不适合年纪稍大的人穿着。

长裤的长度遵循一般的裤长法则，通常裤脚都要超过脚踝 2 ~ 3 cm，以保证行动和采取坐姿时不会露出腿脚的肌肤（图 4-6）。而女裤中的九分裤、七分裤之类，在男装中则很少采用。

图 4-6

第三节　裤装的结构设计原理

裤装是包覆人体腹、臀、腿部且有裤腰、裤裆、裤腿的下装，是服装结构部位最复杂的品种。人体腹、臀部的特殊形态以及下肢的运动性能决定了裤装既要达到合体性要求，又要具备良好的运动性能，故裤装必须满足人体的静态体态及动态变形的需要。

一、裤装结构与人体静态特征的关系

裤装结构与人体静态特征的关系可从图 4-7 中看出，图 4-7（a）所示是人体下体的纵截面形状；图 4-7（b）所示是人体下体的横截面形状；图 4-7（c）所示是裤装结构，前裤片纸样包覆于人体下肢的腰腹部、前下裆部；后裤片包覆于人体的腰臀部、后下裆部，前、后纸样交接于 CR，为人体会阴部位即臀底部。

二、裤装结构与人体动态特征的关系

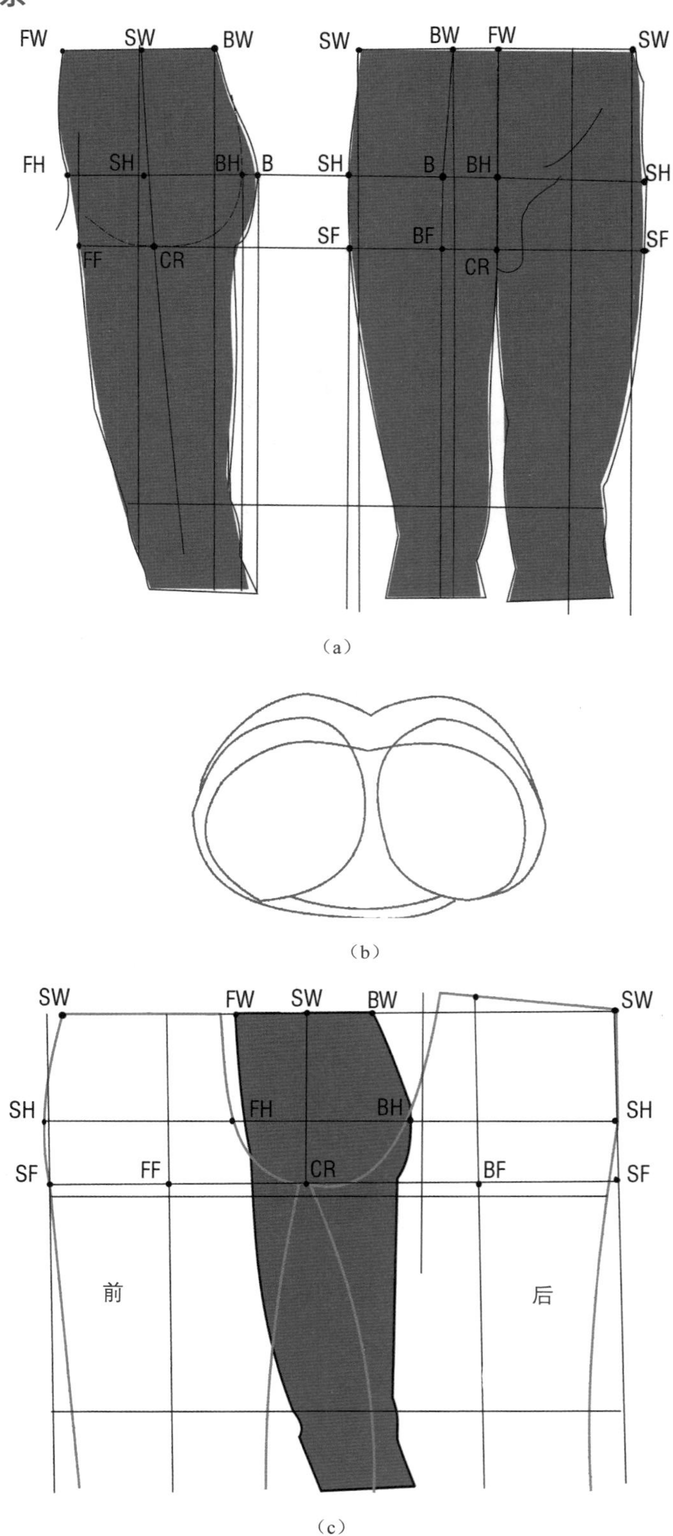

（a）

（b）

（c）

图 4-7

人体运动时体表形态发生变化，并且通过人体体表与服装之间的摩擦作用引起服装的变形。人体部位与相对应的服装部位的间隙量不同，服装变形量也就不同，松量大的服装变形量相对较小，反之较大；人体部位与相对应的服装部位所使用的材料布纹不同，服装变形量亦不同，斜料比横、直料变形量大；人体运动时，内层与外层服装的摩擦力不同，相互摩擦力小的服装变形量小。同样面料、相同松量的服装，其结构不同，变形量也不同，这在裤装的上裆部位表现得较为明显。

为了深入分析服装与人体皮肤变化间的关系，可参见图 4-8，其显示了男体下肢皮肤皱纹构造和伸展方向，箭头表示下裆线一边皮肤伸展方向和侧缝线一边皮肤伸展方向。为了便于理解，按男裤纸样形态，将下肢皮肤剥离下来平面化，并使其前片、后片在下裆线处对接，如图 4-9 所示，这样便于更直观地观察、分析皮肤的伸展方向与裤装的关系。

从图 4-9 中我们可以得到以下启示：

（1）皮肤的伸展方向既可选择侧缝线的一边（从臀沟到大腿外侧），也可选择下裆线一边（从臀沟到大腿内侧），但都必须移动较大的大腿三角区，这是因为大腿三角区特别是内股充满皮下脂肪，皮肤细薄而柔软，是运动时移动较大的部分。

（2）皮肤的主要伸展方向为下裆线一边，这条伸展线是后腰部→臀沟→大腿内侧→膝头，也是提高裤装运动功能的路线。

图 4-10 所示是裤装穿用时的变形方向，将皮肤的伸展方向移至纸样，箭头所示的伸展方向是从后腰部开始，经过臀沟、内股构造线的配置空间，一直到膝头这样一条线路，斜向部分表示它的有效范围。

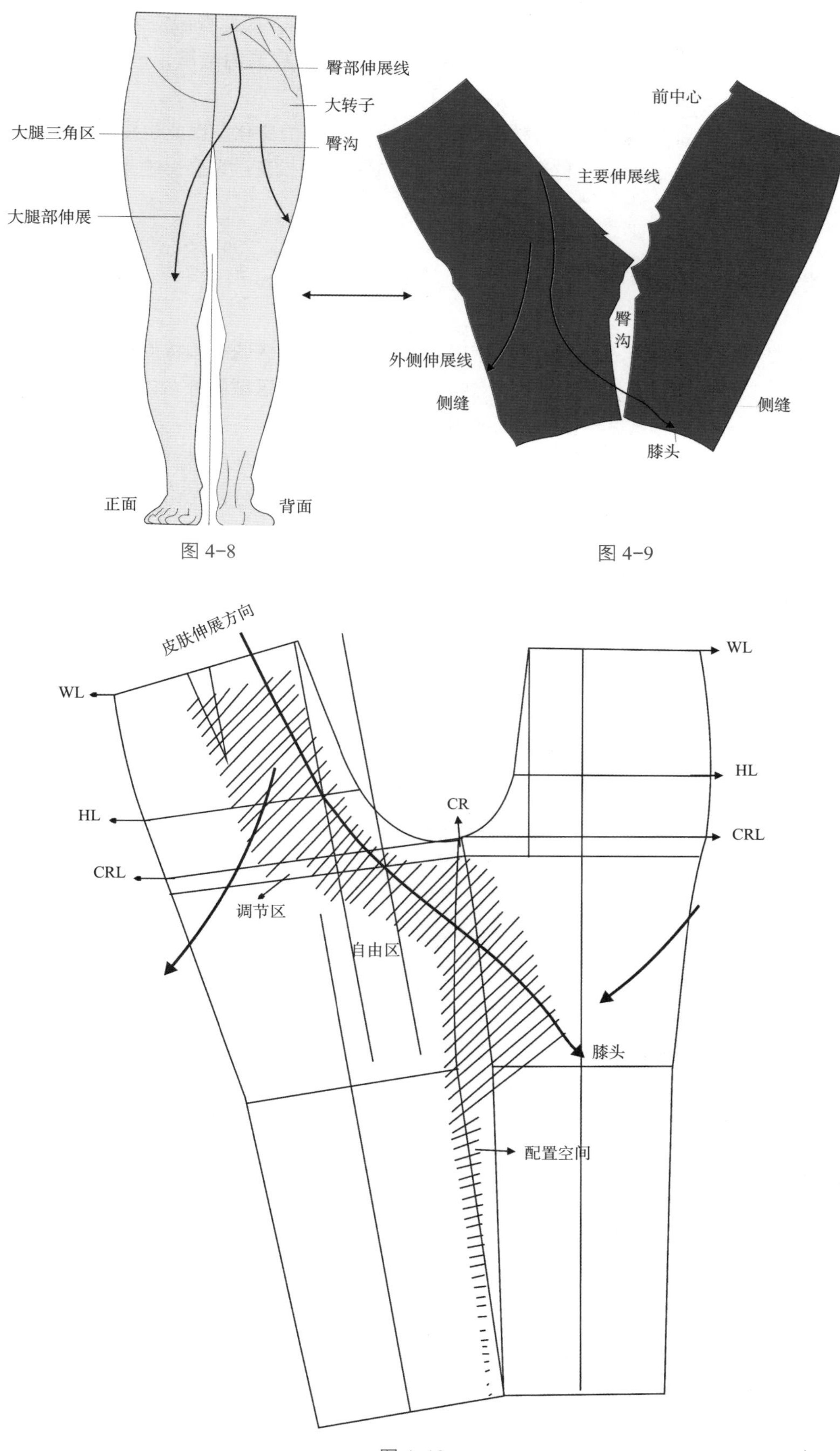
臀部伸展线
大转子
大腿三角区
臀沟
大腿部伸展
正面
背面
前中心
主要伸展线
臀
沟
外侧伸展线
侧缝
侧缝
膝头
皮肤伸展方向
WL
WL
HL
HL
CR
CRL
CRL
调节区
自由区
膝头
配置空间

图 4-8

图 4-9

图 4-10

由于人体的臀部比较丰满，臀部的运动必然会使围度增加，因此裤装应考虑臀部变化时所需要的松量，臀部运动的平均增加量是 4 cm，再考虑舒适量所需要的空隙，一般舒适量都要大于 5 ～ 6 cm，至于因款式造型需要增加的风格设计舒适量则无限度。

腰围是下装固定的部位，腰部的各种运动会引起腰围尺寸的变化，因此也需要有适当的松量，腰围平均增加量为 3 cm，这是最大的变形量，同时考虑到腰围松量过大会影响束腰后腰围部位的美观性，因此一般取 2 cm。

三、男性下肢体区域分布

为了更好地理解男裤纸样在下肢各部位应有的状态，结合男裤的结构特点将男性下肢分为四个区域：合体区、功能区、调节区、设计区（图 4-11）。把握这些区域的分布，可使我们在进行纸样设计时根据款式的不同，有重点、有目的地强调其特点。

（1）合体区：主要是指以腰围线为支撑，前面下腹部、侧面上前髋骨棘部、后臀部这一范围，这一部分主要起到支撑裤装的作用，也是要求裤装合体性的主要部分，无论裤型怎样变化，在这一区域内裤装结构始终是合体的、贴合于腰部的。

（2）功能区：主要是指在合体区到臀底调节区之间，包括适应下肢前屈运动的臀沟部和臀底（CR）偏移的部分，满足裤装运动功能的松量及结构主要就设置于这一区域内。反映在裤装纸样当中，即臀围、大腿根部运动松量的设定以及对裤装运动松量具有一定调节功能的后裆缝倾斜角度、裆弯弧线形状的设计。这一部分的造型和加放松度的恰当与否直接关系到下肢运动的舒适性。

（3）调节区：主要是指臀沟下面 2 ～ 3 cm 的带状部分，这一区域主要是进行前、后裆宽比例分配，偏移调整以及臀底放松量自由调整的空间范围。在这个范围内裤装裆部可以自由造型。

（4）设计区：主要是指调节区至地面的范围。在这个范围内裤装可进行任意长度、宽度的横、纵向变化，这是进行裤装款型设计并生产设计效果的主要表现区间，也是最自由、最能发挥设计者的想象力的空间。

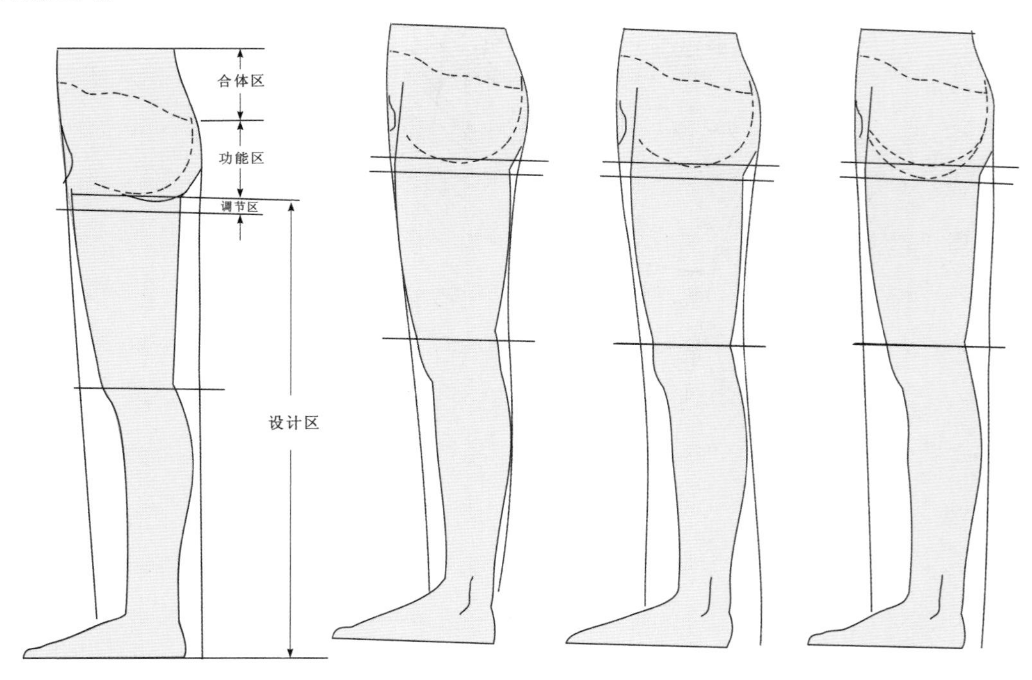

图 4-11

第四节　裤装基本型的构成

一、立裆深的构成

立裆深又称直裆长、上裆长、股上长，其尺寸的设定与人体身高和臀围密切相关，以男子裤装号型国家标准中 170/76A 规格的人体部位参考尺寸为例，结合人体图来推算出人体的立裆长，依据颈椎点高 145 cm 减去腰围高 102.5 cm 得出背长 42.5 cm，再依据坐姿颈椎点高 66.5 cm 减去背长 42.5 cm 就得出了立裆长 24 cm（从人体腰围线至裆底的净尺寸），该部位直接影响裤装的合体性、功能性以及造型风格。如立裆过短，则成品裤装的裆部与人体之间没有空间，易出现勾裆现象；立裆太深，则成品裤装的裆部与人体之间空间太大，容易在人体运动时对裤腿形成一定的牵拉，形成吊裆，既影响人体活动功能又不美观。因此，准确地把握立裆总长是十分必要的，合理的立裆深应该既保证裆部与人体之间有一定的空间以便于运动，又保证裤装适体、美观。一般而言，较贴体的臀围配较短的立裆，显得轻快、利落；较宽松的臀围配较长的立裆，显得飘逸、潇洒。

现在一般以 $H/4$ 计算易操作，同时计算所造成的误差在一定的范围内还不至于影响裤装的机能和造型。

二、裆部宽度的构成

裆部宽度的设定与人体臀部及下肢处所形成的结构特征密切相关，主要反映了人体臀胯部的厚度和用以改变臀部和下肢活动环境。裆部宽度的大小与臀围密切相关，即臀围的大小与它所影响的区域成正比。裆部宽度过小会导致臀部绷紧，使下肢运动不便；裆部宽度过大则会影响横裆尺寸和下裆线的弯度。因此，在正常裤装的结构中，臀围越大横裆越宽。裆部宽度基本按 0.15H ~ 0.16H 计算，此 H 是按规格设计的，臀部丰满的可做加法，臀部扁平的可做减法，裆部宽度的分配可按：合体裤约为$\frac{1}{4}:\frac{3}{4}$；宽松裤约为$\frac{1}{3}:\frac{2}{3}$。这样既可满足人体体形，又可使裤装的裆部宽度减小，造型美观。

三、后裆倾斜角度的设计

较贴体类：12° ~ 16°；较宽松类：8° ~ 12°；宽松类：0° ~ 6°。

其中若面料拉伸性好且裤装主要考虑静态美观性时，后上裆倾斜角≤ 12°；面料拉伸性差且裤装主要考虑动态舒适性时，后上裆倾斜角取值趋向≤ 14°。

四、后裆起翘量的设计

为了适应人体下肢蹲、起、行走、坐的需要，除应调整前、后上裆增量，后上裆倾斜角度外，还应根据裤装的功能、人体的体形特征等适量增加后裆起翘量。后翘高度与后裆倾斜角度成正比，即后中线倾斜角度越大，后翘高度就相对越大；后中线倾斜角度越小，后翘高度相对越小。如果后翘过高，人体站立时后腰至臀部起涌；如果后翘过低，裤装则向下坠。

五、男体下部体表角度计测与裤装结构的关系

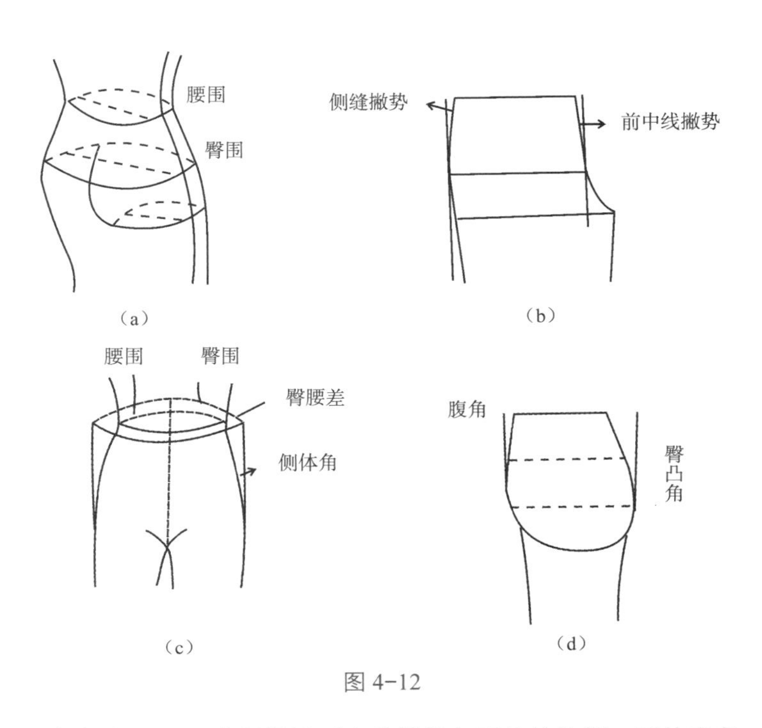

图 4-12

人体体表角度计测是把握人体体表特征的重要手段，也是合理分配制图比例的依据。图 4-12 所示为前身体表及腰、臀、腿根三围分析。图 4-12（a）所示为腰、臀、腿根三围的结构剖面形态，从图 4-12（b）中观察出人体腹凸、臀凸与腰围形成夹角，腹凸夹角平均值为 8°，臀凸夹角平均值为 18°，这两个夹角是设计裤装前、后中缝撇势与困势的依据。前体表角度与前裤片的撇势对应，臀侧夹角与裤侧缝撇势对应，腹凸夹角则与前中缝撇势对应。图 4-12（c）中腰、臀、腿根三围纵向间距，构成了裤装臀围线和立裆深的位置。图 4-12（d）所示为人体体表角度与后裤片的对应关系，从图中可观察出臀凸夹角为 18°，这是设计后中缝撇势与困势的依据。后体表角度与后裤片中缝、省道对应，臀凸夹角的大小决定了后省量的大小，直接影响后中缝困势的设计。

第五节　单褶男西裤

一、款式特征

裤型为基本造型，裤长以腰围高为依据（包括腰头），前片单褶裥，两侧斜插袋，后片两个一字挖袋（或双嵌线），后腰收双省，腰头装七个裤袢；中裆部位至脚口的尺寸大小基本一样，形成筒状裤腿的西装裤；裤管宽松、挺直，给人以整齐、稳重的美感；多与西服、西式大衣配套穿用；老年、中年和青年皆宜，如图 4-13 所示。

图 4-13

二、面料

毛料、棉、麻、化纤及混纺织物。

三、成品规格

成品规格见表 4-1。

表 4-1 单褶男西裤的成品规格（170/76A） cm

部位	裤长	腰围	臀围	上裆	脚口	中裆	腰宽
规格	103	78	102	28	23	24	3.5

四、制图要点

（1）腰围的放松量：在净腰围的基础上加放 1 ~ 2 cm。

（2）单褶基本型男西裤属较贴体型，臀围的放松量为 8 ~ 12 cm。

（3）前、后臀围的计算分别为（H/4−1）cm 与（H/4+1）cm。

（4）裆部宽度基本按 0.16H 计算，较合体裤前、后裆部宽度的分配比例为$\frac{1}{4}$：$\frac{3}{4}$。

（5）为了增加裤上裆运动量，后裤片烫迹线向外侧缝偏移 1 cm，上裆长增量为 1 cm。

（6）后上裆倾斜角度为 12° 。

（7）前、后裤脚口尺寸分别为（SB−2）cm、（SB+2）cm，如图 4-14 所示。

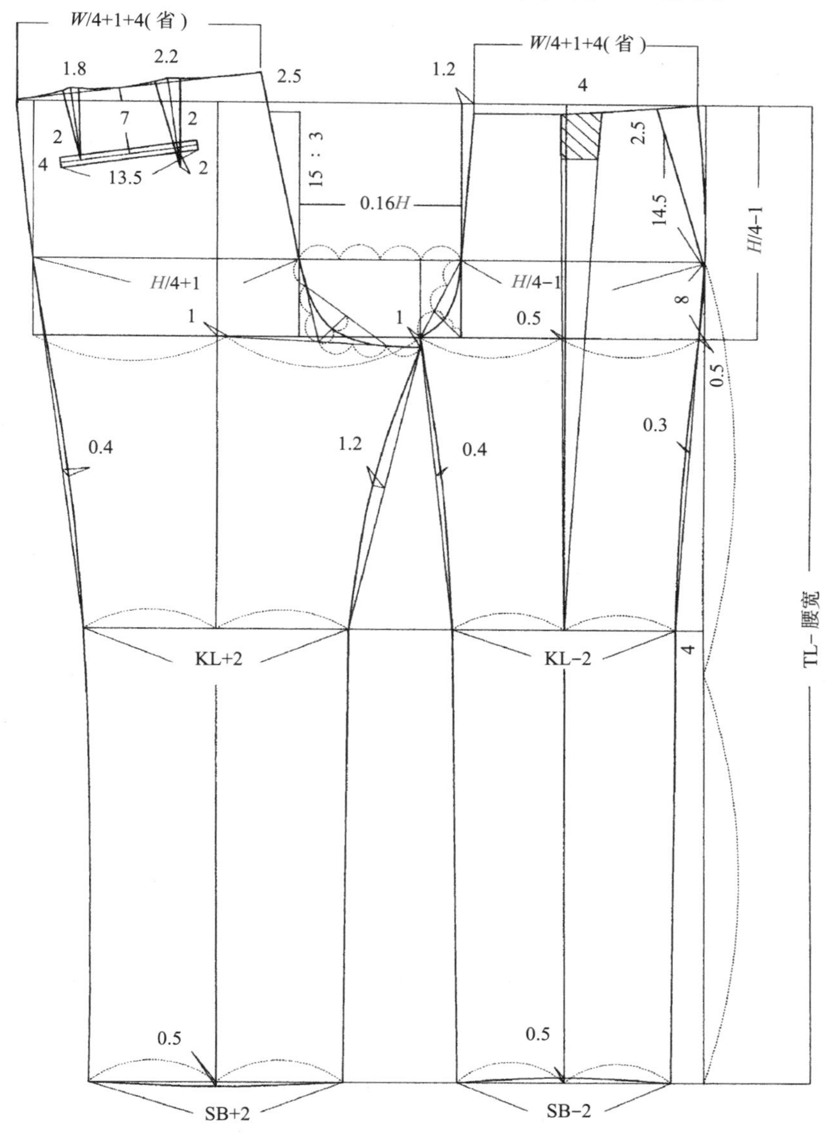

图 4-14

五、主要零部件制图

（1）门里襟制图，如图 4-15 所示。

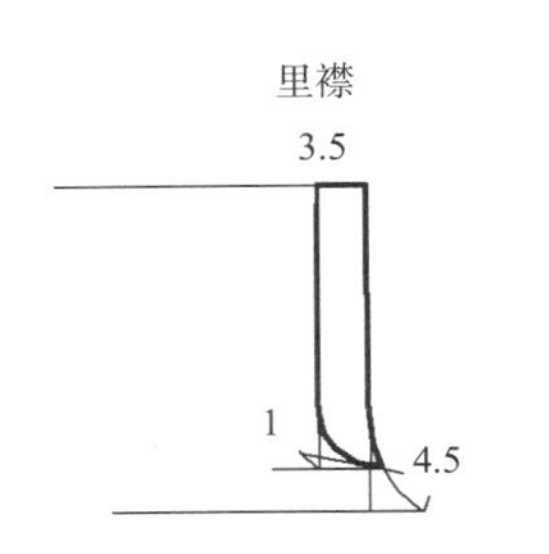

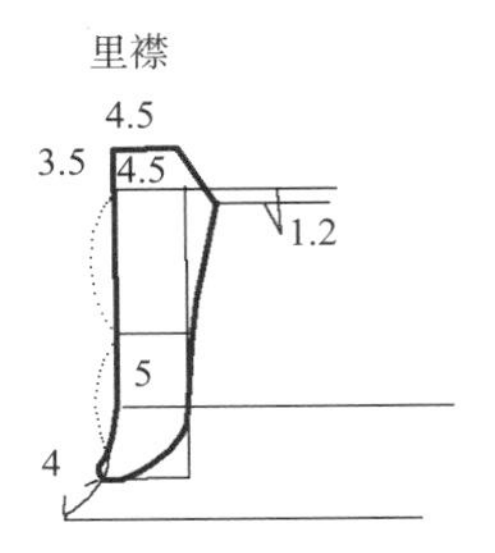

图 4-15

（2）腰头制图，如图 4-16 所示。

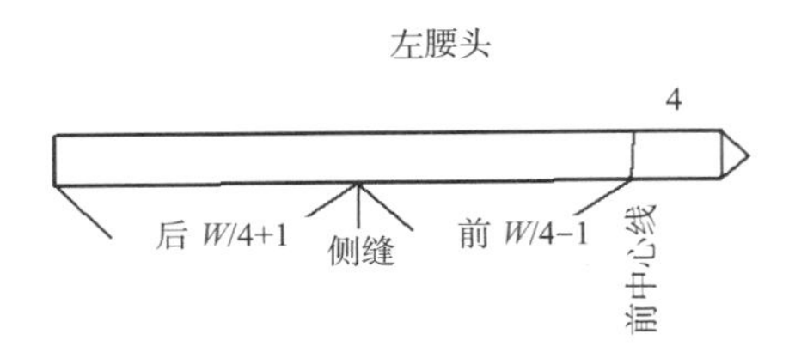

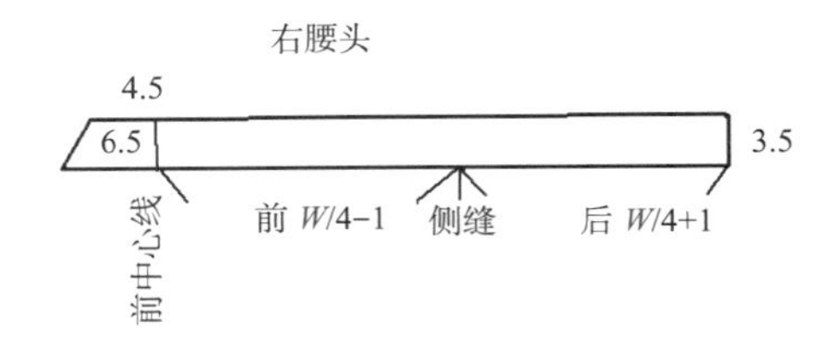

图 4-16

（3）侧袋制图，如图 4-17 所示。

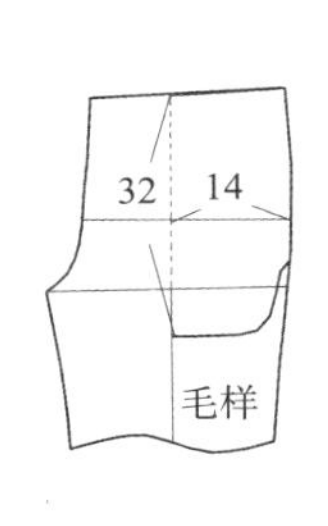

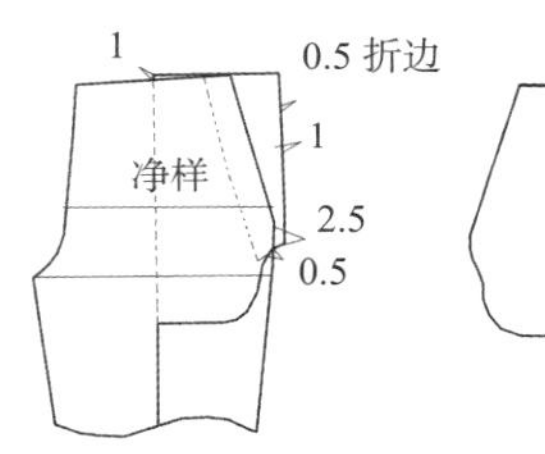

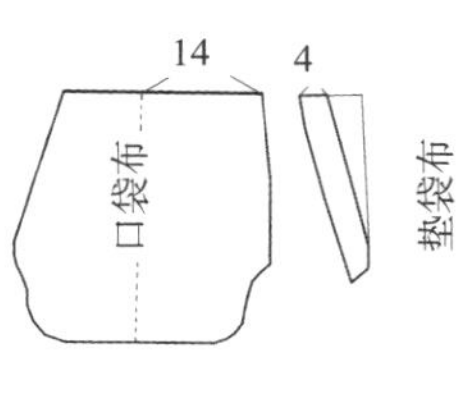

图 4-17

（4）后袋布（褶裥式）制图，如图 4-18 所示。

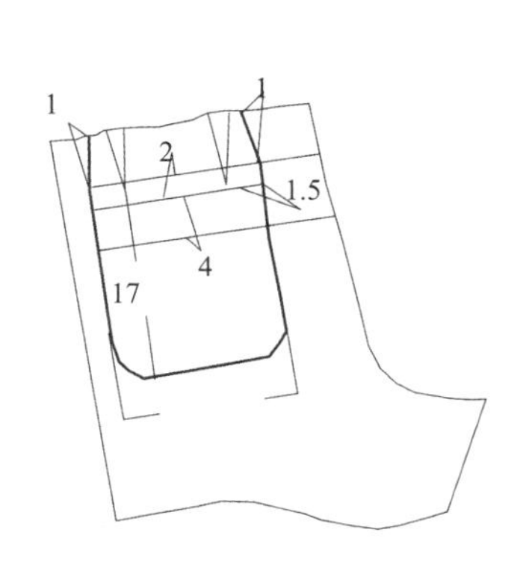

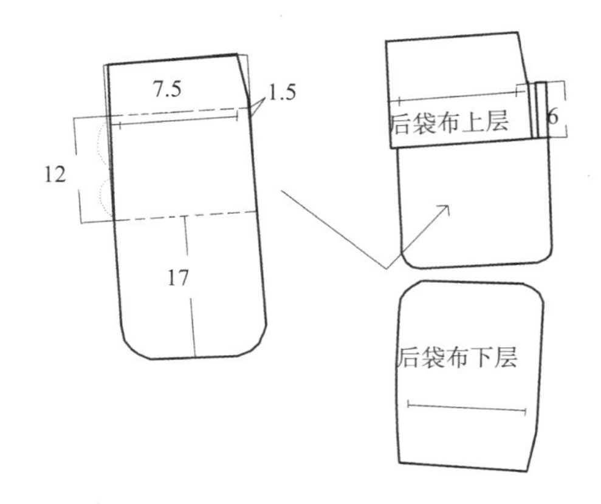

图 4-18

第六节　无褶男西裤

一、款式特征

立裆较短，与人体相符，穿着舒适，造型美观，前片无褶裥，两侧斜插袋，后片两个一字挖袋，装袋盖，后腰收双省，腰头装七个裤袢。此款裤装适合青年人穿着，是高档西服的配套服装，如图 4-19 所示。

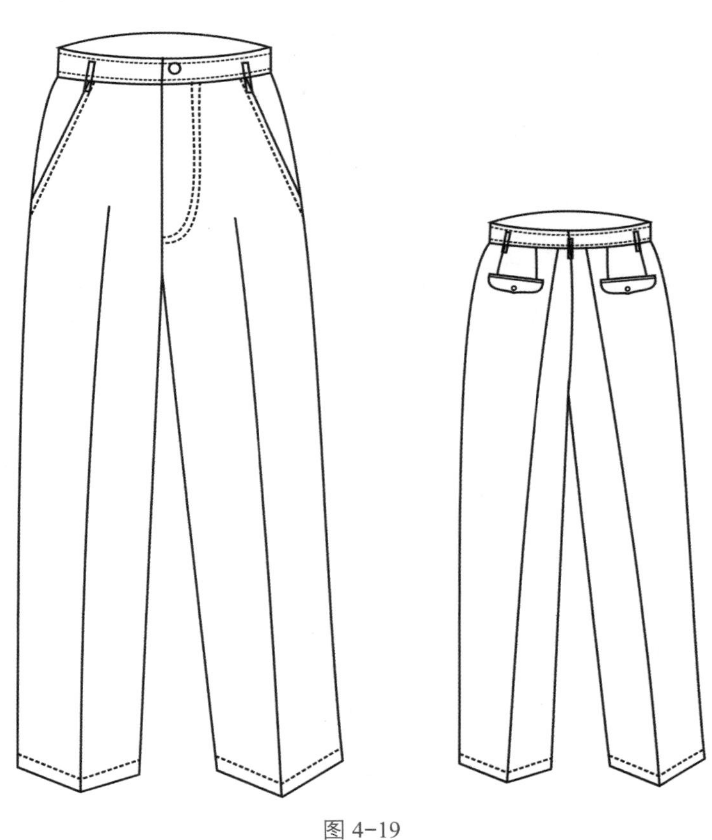

图 4-19

二、面料

毛料、棉、麻、化纤及混纺织物。

三、成品规格

成品规格见表 4-2。

表 4-2　无褶男西裤的成品规格（170/76A）　cm

部位	裤长	腰围	臀围	上裆	脚口	中裆	腰宽
规格	103	78	96	26	23	23	3.5

四、制图要点

（1）无褶男西裤属贴体造型，腰臀部为合体，因无褶裥设计，故臀围放松量为 4 ～ 6 cm。

（2）为符合人体和造型美观的设计，贴体的臀围配较短的立裆，显得轻快、利落，此款立裆为 26 cm。

（3）为增加裤上裆运动量，后裤烫迹线向外侧缝偏移 1.5 cm。

（4）后上裆倾斜角度为 14° ～ 16° 。

（5）贴体型裤前、后腰围的计算与较贴体型裤腰围的计算不同，其原因：较贴体型裤前片设褶裥，贴体型裤前片不设褶裥，如果按较贴体型裤腰围分配法则会出现前片腰口劈势过大的情况，因此要与后裤片腰围规格互借，使裤腰口劈势被控制在适量的范围内，前、后腰围的计算公式分别为 $W/4+1$ cm，$W/4-1$ cm，如图 4-20 所示。

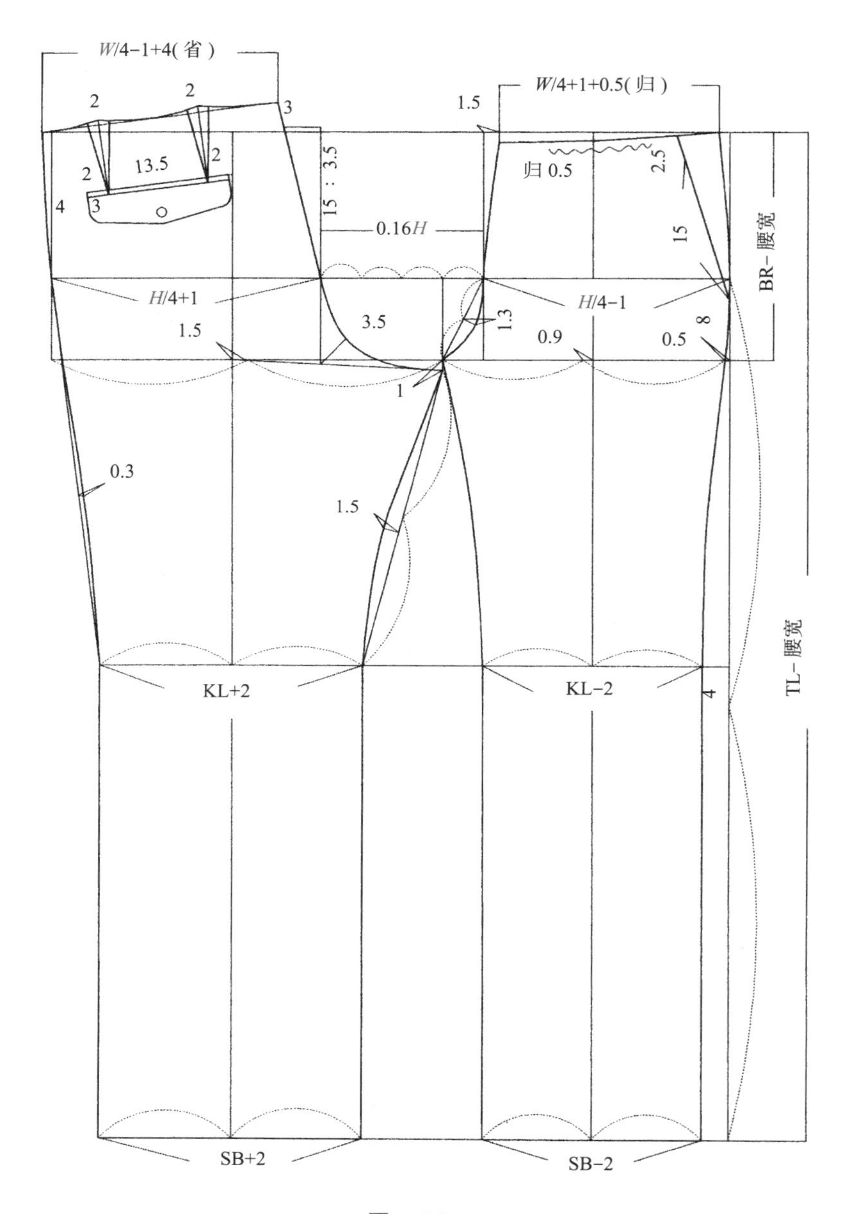

图 4-20

第七节　牛仔裤

牛仔裤起源于美国。19 世纪 40 年代末美国西部有一个名叫杰恩的人首先用粗帆布做了一条式样新奇和牢固的工作裤。1853 年，李维 · 施特劳斯（Levi Strauss）在旧金山为加利福尼亚的矿工用棕色的帆布面料加工了世界上第一条用作工装裤的牛仔裤。牛仔裤从此在美国得名并流传开来，牛仔裤文化从起源到发展整整一百年都没有什么变化，Levi's 作为牛仔裤的“鼻祖”，象征着美国西部拓荒精神。它历经一个半世纪的风雨，从美国流行到全世界，并成为全球各地男女老少都能接受的时装。近 20 年，生产 Levi's 服装的 Levi Strauss 公司已经是活跃于世界舞台的跨国大企业。

近年来，牛仔服装新工艺的发展，韩、日风的流行，使牛仔服装显露出独特风格，风靡全球，如立体褶皱经过压挤、折叠以及系绑等手法，再经热塑而成。其磨洗后显现的肌理和色彩的微妙变化，体现了返璞归真的粗犷豪放；合体紧身的几何式剪裁超凡脱俗，使人更显潇洒与活力。

一、款式特征

牛仔裤的造型现已成固定格局：立裆较低，前片无褶裥，拷钮，左、右各一个月牙口袋，前中门襟装拉链，后片无腰省、装腰，裤袢 5 根，后片有育克分割，两个贴袋，缉明线，钉标牌，平脚口，如图 4-21 所示。

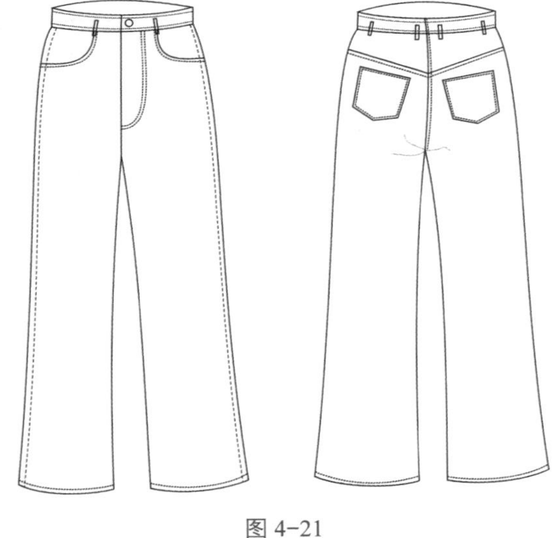

图 4-21

二、面料及工艺处理

面料：纯棉斜纹布、劳动布（又名坚固呢）；工艺处理：砂洗。

三、成品规格

成品规格见表 4-3。

表 4-3　牛仔裤的成品规格（170/76A）　cm

部位	裤长	腰围	臀围	上裆	脚口	中裆	腰宽
规格	103	80	94	25	24	22	4

四、制图要点

（1）牛仔裤属贴体造型，腰臀部极为合体，前片无褶裥设计，臀围放松量不宜太大，一般 4 cm 左右比较合适。

（2）贴体的臀围立裆较低，此款立裆为 25 cm 比较合适。

（3）牛仔裤前、后腰围的计算与较贴体型裤腰围的计算不同，其原因是：较贴体型前片设褶裥，牛仔裤只能在前片的月牙口袋中设 1 ~ 1.2 cm 的省，如果按较贴体型裤腰围分配法则会出现前片腰口劈势过大，因此前裤片与后裤片腰围规格等量，使裤腰口劈势被控制在适量的范围内，前、后腰围的计算公式为 $W/4$，如图 4-22 所示。

（4）为增加裤上裆运动量，后裤烫迹线向外侧缝偏移 1.5 cm。

（5）后上裆倾斜角度为 14° ~ 16° 。

牛仔裤后片制图

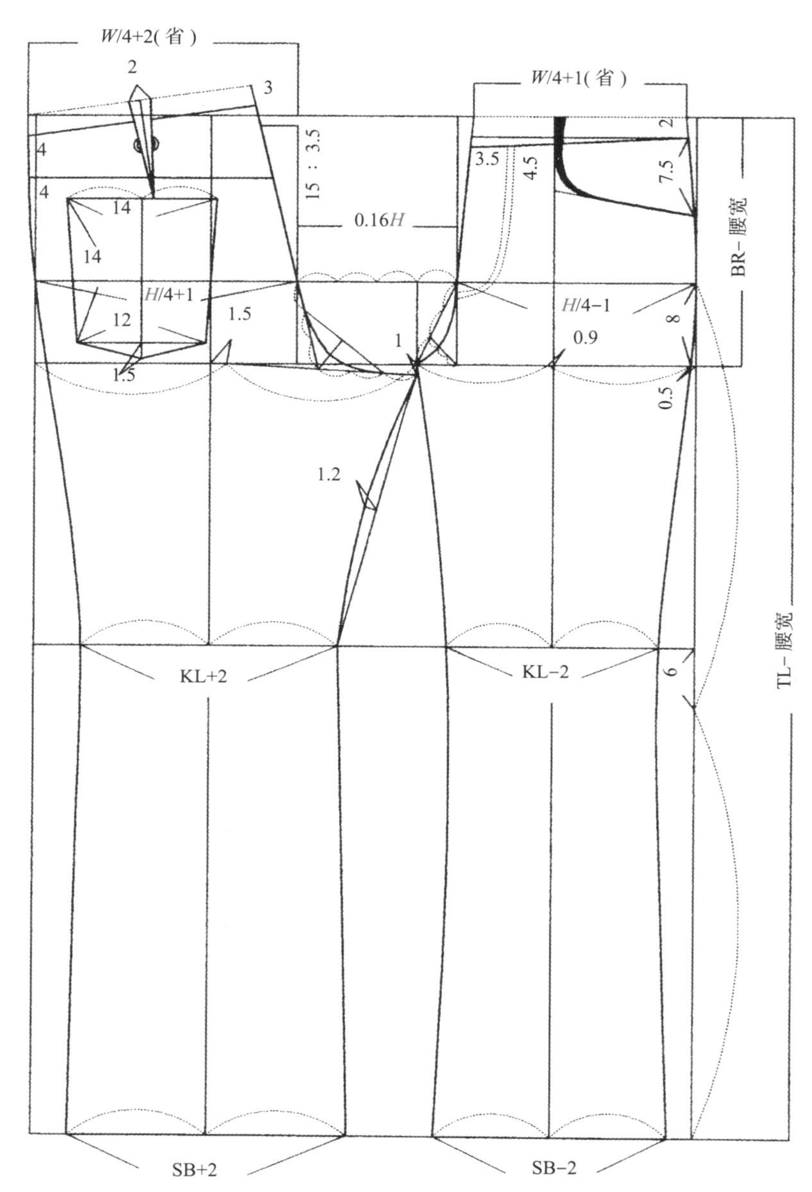

图 4-22

第八节　多腰褶锥形裤

多腰褶锥形裤是流行于20世纪90年代初的一款裤型。锥形裤根据一般造型规律，扩充臀部，收缩裤口，提高腰位。为了加强这种造型风格，在结构处理上，在腰部增加到三个褶，上裆加裆底松量2～3 cm，同时收紧裤口。在这个基础上，设计师可以根据流行元素和爱好设计出更富有流行意味的锥形裤造型。

一、款式特征

多腰褶锥形裤的造型比较宽松，前腰采用三个腰褶，前两侧斜插袋，后片单嵌线挖袋，双腰省脚口小，使裤子整体成萝卜造型，腰头装7个腰袢，可作为休闲或时装裤穿用，如图4-23所示。

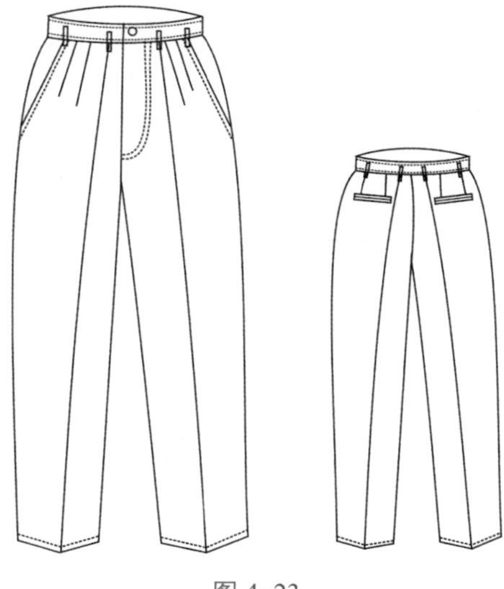

图 4-23

二、面料

面麻、化纤及条格面料。

三、成品规格

成品规格见表4-4。

表4-4　多腰褶锥形裤的成品规格（170/76A）　cm

部位	裤长	腰围	臀围	上裆	脚口	腰宽
规格	102	78	110	30	20	3.5

四、制图要点

（1）多腰褶锥形裤属宽松造型，臀围放松量在20 cm以上。

（2）宽松的臀围配较长的立裆，显得飘逸、潇洒，此款立裆为30 cm比较合适。

（3）宽松裤前、后裆部宽度的分配比例为$\frac{1}{3}:\frac{2}{3}$。

（4）宽松裤子后裤片烫迹线向外侧缝不偏移，上裆长增量为3 cm。

（5）前身腰褶数量设置不少于3个，臀部较为宽松，自臀部开始围度逐渐减小至脚口。

（6）由于前裤片设3个腰褶裥，故臀围的分配分别为（$H/4+1$）cm、（$H/4-1$）cm，如图4-24所示。

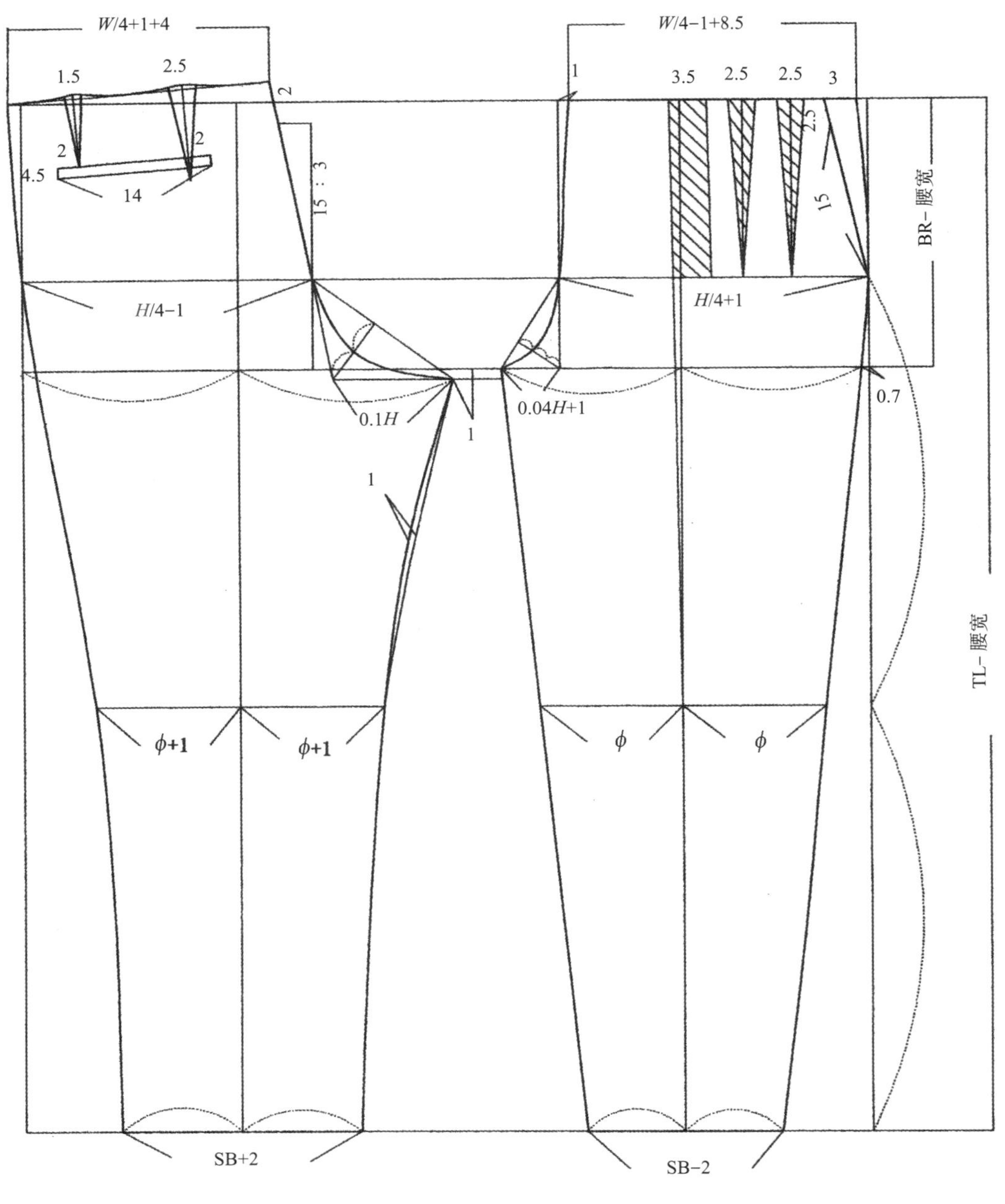

图 4-24

第九节　休闲裤

休闲裤，顾名思义就是在休闲娱乐、消遣、玩耍时穿着的裤子。休闲裤的要点主要集中在“休闲”两个字上，所以除了在酒会、宴会等正式场合外，休闲裤都适合穿着。如今的休闲裤以国际最新潮流趋势融入东方色彩而精心设计，追求简洁流畅的造型，款式大方。休闲裤注重细节品质，紧随时尚潮流，以个性鲜明的手法，塑造出优雅与浪漫并存、休闲与庄重并进的都市男性形象。

一、款式特征

图 4-25 所示是一款在腰头里装松紧带的休闲裤，腰部从基本的烫迹线处至后腰装松紧带，前两

侧斜插袋，两侧大腿处和后臀处分别设计四个大贴袋并装有袋盖，无须系腰带，穿着轻松舒适，适合各种人群。

图 4-25

二、面料及工艺处理

面料：加厚纯棉 、纯色布、锦棉、天丝棉；工艺处理：水洗。

三、成品规格

成品规格见表 4-5。

表 4-5 休闲裤的成品规格（170/76A） cm

部位	裤长	腰围	臀围	上裆	脚口	腰宽
规格	103	78	106	29	24	3.5

四、制图要点

（1）休闲裤属较宽松造型，臀围放松量为 12 ～ 18 cm。

（2）较宽松的臀围配适中的立裆，此款立裆为 29 cm 比较合适。

（3）为增加裤上裆运动量，较宽松的裤子后裤片烫迹线向外侧缝偏移 0.5 cm，上裆长增量 2 cm，如图 4-26 所示。

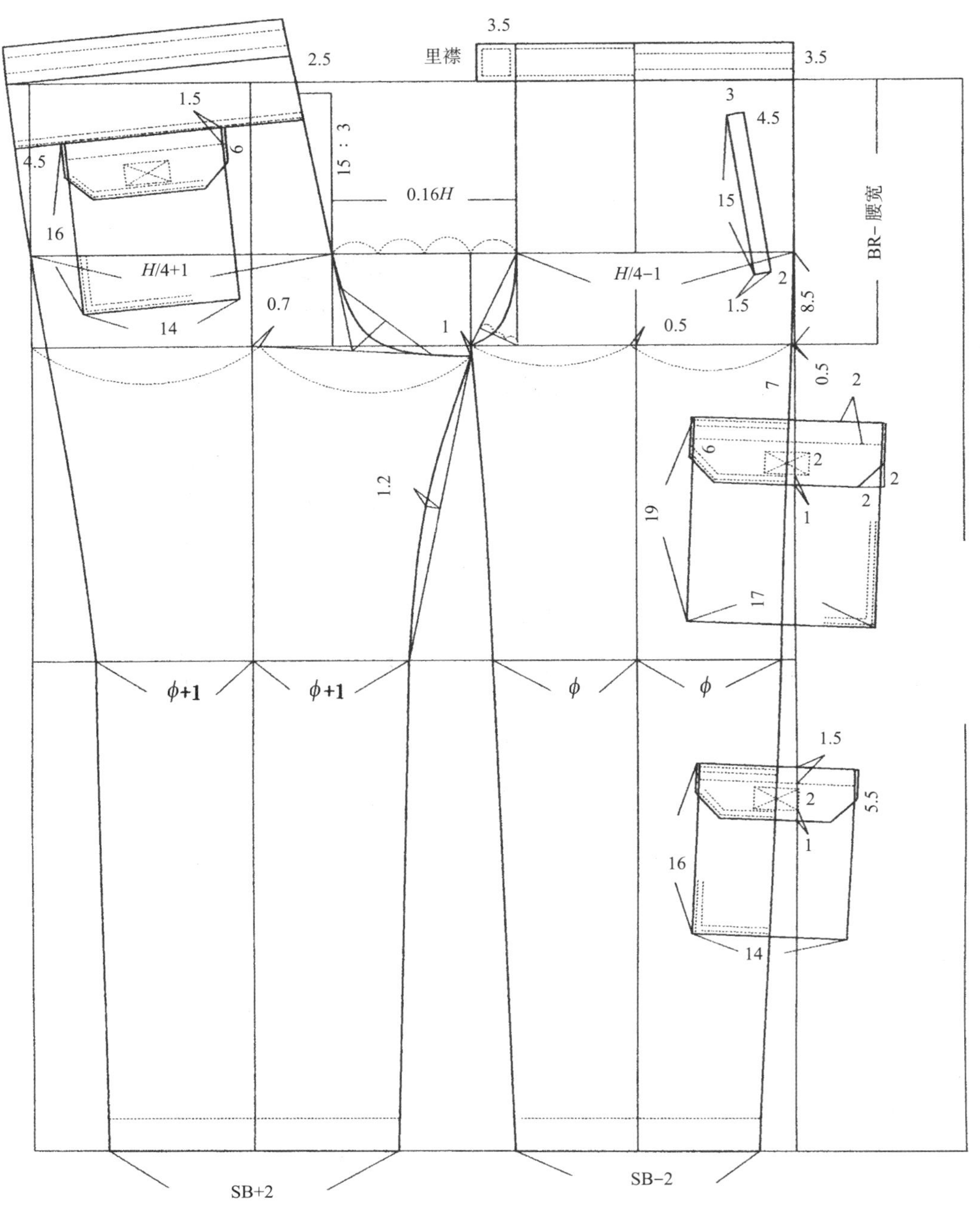

图 4-26

第十节　男西短裤

一、款式特征

短裤与长裤款式特征的区别在于裤长，短裤的裤脚一般在膝盖以上，前片单褶裥，两侧斜插袋，后片两个一字挖袋，后腰收双省，腰头装 7 个裤袢，中老年、中年和青年皆宜，如图 4-27 所示。

图 4-27

二、面料

加厚纯棉、纯色布、锦棉、天丝棉。

三、成品规格

成品规格见表 4-6。

表 4-6　男西短裤的成品规格（170/76A）　cm

部位	裤长	腰围	臀围	上裆	脚口	腰宽
规格	45	78	100	27	28	3.5

四、制图要点

（1）裤长的确定：裤脚位于膝上 10 cm 左右或根据爱好自行调节。

（2）后上裆倾斜角度取 12°。

（3）前、后裤脚口尺寸分别为（SB−3）cm、（SB+3）cm。

（4）后裆缝低落数值：一般情况下，西长裤后裆缝低落数值基本在 1 cm 之内波动，西短裤则可在 2 ~ 3 cm 的范围内波动。可以看到横裆与后下裆缝的夹角大于 90°，这主要是后下裆缝有一定的倾斜角度所致，而前下裆缝的夹角接近 90°，前、后裆缝缝合后，下裆缝处的脚口会出现凹角，把后脚口上的横线处理成弧形状，使其与后下裆缝夹角保持 90° 就可使前、后脚口横向线顺直连接，但修正后的后下裆缝长于前下裆缝。所以，只有增大后裆缝低落数值。此款后裆缝低落数值为 2.5 cm，因此，后裆缝低落数值与后裆缝的斜度成正比，如图 4-28 所示。

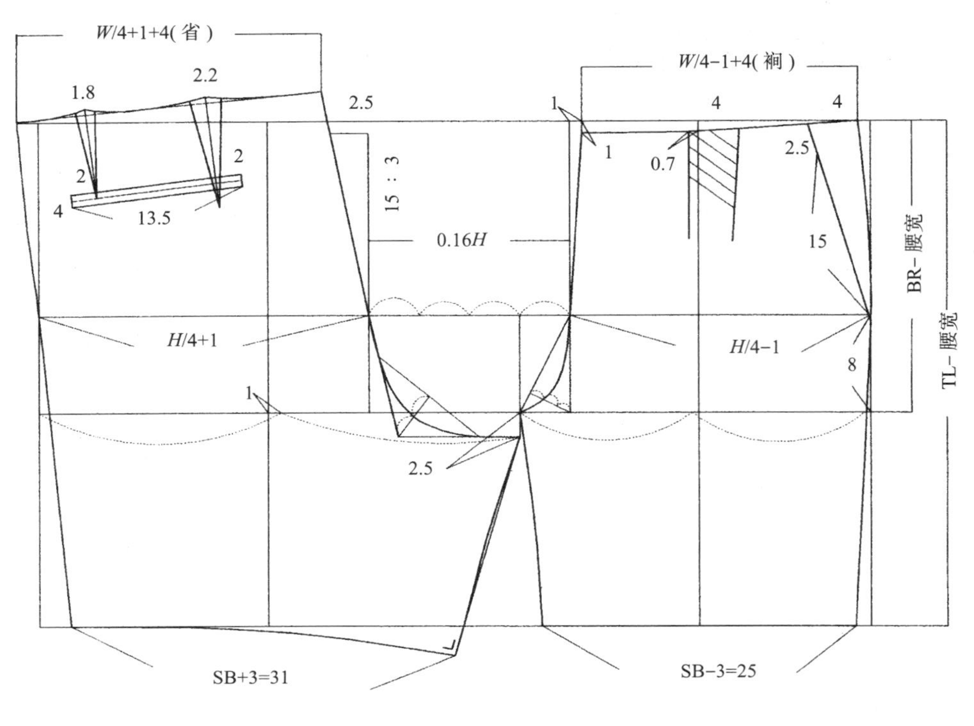

图 4-28

思考与训练

1. 立裆深的构成因素有哪些？
2. 裆部宽度的构成与腹臀宽的关系如何？
3. 后裆倾斜角度与后翘高度的关系如何？
4. 按 1 ：5 的比例绘制单褶基本型男西裤，并标注主要公式与数据。
5. 按 1 ：5 的比例自行设计一款休闲裤结构，并标注主要公式。

第五章 衬衫的纸样设计

衬衫在服装分类上属于内衣范畴，在男士着装中处于衬托的地位，往往被穿着者忽略。其最大的特点是它与外衣在一定程式规范下的组合运用，是评价个人修养的依据，所以衬衫在男士服装品种中是一个重要品种（图 5-1）。

图 5-1

第一节 男士衬衫的穿着起源及演变

衬衫其有多种穿法，常常只作为配角。男士衬衫的角色从贴身内衣到中衣的演化，要追溯到男士服装中出现上衣和马甲的 17 世纪后期。在这一时期产生了穿在马甲下面、上衣中间的男士衬衫，这在现代的套装风格中很常见。也可以说，领子和袖口从上衣露出的风格是在这个时候确立的。

进入 18 世纪以后，腰身和袖子肥大且舒适的男士衬衫款式开始出现。可以见到男士衬衫前面的育克部分和胸部的装饰花边——荷叶边装饰。袖口上也同样是荷叶边，穿起来手腕被荷叶边的花边盖住，这是当时最地道的贵族穿法。上衣和马甲固定下来之后，男士衬衫的存在感降低，但上流社会赋予了它新的意义。保持衬衫的清洁，穿雪白衬衫，被认为是身份的象征。

19 世纪后期，出现了领子几乎和耳朵一样高，颜色雪白的男士衬衫款式。替换的领子也有出售的了，领高多为 10 cm，也出现了领高为 12 cm 的高领衬衫。夏目漱石在伦敦留学时所说的替换领子（HIGH COLLAR）就是这个时代的产物。在日本也和欧洲同样，“HIGH COLLAR”也是袖口从上衣袖口露出来 1 cm 左右。

1900 年，在美国，黑与白、红与白、淡紫色与白色，大的条纹花型很流行。胸上有了双拼色的高领男士衬衫受到极大的欢迎。

第一次世界大战后由于经济景气，丝制男士衬衫大为流行。这股热潮直到 1921 年还在继续。

随后，伴随着第二次产业革命的发展，白领阶层逐渐扩大，绅士、商务人士的标准风格西服样式也确定下来。男士衬衫在配合西服和领带时以白色为中心逐步推进，素材也由棉开发出化学纤维。防缩、防皱等机能性加工也随之得以发展，价格也降低，逐渐使男士衬衫这一服饰走入平常老百姓的家中，成为大众化的服饰。这类男士衬衫的特性是更易打理，甚至终身不用熨烫。这在另一方面也揭开了男士衬衫品牌化及细分的序幕，使用高级纯棉布料和量身订制的高级男士正装衬衫也逐渐出现，这类衬衫更注重衬衫自身的面料以及制作的工艺，面料更加考究，工艺更加复杂，以满足中产阶级以及那些追求品位及生活品质的人群。这样，男士衬衫发展到现代就逐渐形成了大众化、品质化的两极分化。

第二节　男士衬衫的分类、常用材料及规格

一、男士衬衫的分类及特点

男士衬衫名目繁多，按不同的标准可以有以下几种划分形式。

1．按衬衫的领部造型分类（图 5-2）

（1）标准领：领子长度和敞开角度走势“平稳”的衬衫，在商务活动中常见，以纯色为主。

（2）异色领：配以白领子的纯色或条格衬衫，袖口是白色的。

（3）敞角领：领子之间的角度为 120° ~ 180° ，又称“温莎领”或“法式领”。

（4）纽扣领：属于运动型风格，领尖以纽扣固定于衣身，多见于便装式的衬衫，在美式服装中较常见。

（5）长尖领：细长而略尖的领型，线条简洁，多用于古典风格的礼服衬衫，通常为白色或素色。

（6）立领：只有领座，来源于中式服装的经典领型，能够彰显领部曲线，多见于便装式样衬衫，通常与衣身同质同色。

2．按穿着场合分类

（1）正装衬衫（图 5-3）。

由于正装衬衫的穿着要求严格，色调选择多以白色、蓝色等纯色调为主，外轮廓主要以 H 形为主。领子为达到与颈部体型特点吻合的要求，领型采用领座与翻领断开的结构设计，领座与翻领的比例系数一般控制在 0.7 ~ 1，领型的外观设计，领尖的长短及领型角度的大小随流行趋势而变化，领子作为衬衫的重要组成部分，对工艺要求特别严格细致。

标准领　　异色领　　敞角领

纽扣领　　长尖领　　立领

图 5-2

图 5-3

肩部的过肩设计是正装衬衫的基本特征，造型基本保持不变，只是宽窄随设计流行元素变化。前中门襟分为明门襟与暗门襟两种类型，门襟上一般有 6 粒有效纽扣，由于正装衬衣的穿着严谨，第一粒与第二粒扣位之间的间隙不宜过大，一般控制在 7 ~ 7.5 cm。左前胸有一明贴袋。袖山工艺要求的特点：袖片为低袖山一片袖，袖口有褶裥，宝剑头袖衩，袖口装有袖排。

根据穿着季节的不同，正装衬衫又分为长袖和短袖两种款式。

正装衬衫适合在办公场所、日常社交场合穿着，较正式、精致，选料款型趋向舒适，以单色或条纹居多。

（2）礼服衬衫。

礼服衬衫的外轮廓基本与正装衬衫一致，以松身的 H 形结构为主，不同之处在于领型的变化。礼服衬衫的领型没有后翻领，只是在立领的结构基础上前中加以双翼燕尾领尖造型。其次是衣身前中的 U 形育克分割，多以褶裥或波浪纹进行装饰，袖口处采用金属或宝石的袖扣加以装饰（图 5-4）。

礼服衬衫又分为晚礼服衬衫和日间礼服衬衫。

图 5-4

与燕尾服搭配穿着的衬衫是晚礼服衬衫，采用双翼燕尾领，前胸有 U 形育克，并有白色绫纹褶裥装饰，前襟有 6 粒有效纽扣，由贵金属或珍珠制成。袖口通常使用装饰扣的双层翻折结构。

与晨礼服搭配穿着的衬衫是日间礼服衬衫，其领型从普通衬衫领到双翼燕尾领都可以使用：在穿着普通衬衫领的场合，通常前胸可无育克；在穿着双翼燕尾领的场合，育克则可有可无。

礼服衬衫适用于重要的社交活动如宴会、晚会、庆典等，以黑色或白色最佳。

（3）休闲衬衫。

休闲衬衫无特定穿着场合，比较随意自然，可根据时尚流行趋势及个性要求穿着，具有多样性与流行性，所以在色调选择上比较广泛，多彩的颜色、花纹、图案、格子等元素都可以运用。休闲衬衫完全是外衣化衬衫，在结构设计时就要考虑衬衫款式是否符合流行变化，结构是否具有合体性。

休闲衬衫适用于对着装的正规性要求较低的办公场合，以及非正式的聚会、休闲和居家场合，其造型宽松，多用纯棉面料，色彩、图案个性化（图 5-5）。

图 5-5

二、男士衬衫常用的材料

衬衫作为贴身穿着的内衣，一般都选用吸湿透气、柔软轻薄、易洗快干的面料。薄型纯棉与棉型化纤平纹织物是最为常用的衬衫面料。适合男士衬衫的面料有全棉或涤棉混纺平布，府绸，麻纱，色织条格布及真丝或纺真丝的纺类、绉类织物。

1．平布

平布是采用平纹组织，经、纬纱粗细和密度相同或相近的织物。其具有交织点多，质地坚牢，表面平整，正、反面外观效应相同的特点。平布按其纱织数的不同，可分为粗平布、中平布、细平布和细纺，用于男士衬衫面料的通常是细平布和细纺。

2．府绸

府绸是布面呈现由经纱构成的颗粒效应的平纹织物，其经密高于纬密，比例约为 2 ∶ 1 或 5 ∶ 3。

府绸具有轻薄、结构紧密、颗粒清晰、布面光洁、手感滑爽的丝绸感。府绸品种繁多，适用于衬衫面料的种类主要有全棉精梳线府绸、普梳纱府绸、涤棉府绸、棉维府绸。

3．麻纱

麻纱是布面呈现宽窄不等直条纹效应的轻薄织物，因手感挺爽如麻而得名。麻纱具有条纹清晰、薄爽透气、穿着舒适的特点。常见的麻纱多为棉或涤棉织物。

4．纺类织物

纺类织物采用平纹组织，表面平整缜密，属于质地较轻薄的花、素织物，又称纺绸。其采用不加捻桑蚕丝、人造丝、涤纶丝等原料织制，也有以长丝为经丝，以人造棉、绢纺纱为纬丝交织的产品。其有平素生织的电力纺、无光纺、尼龙纺、涤纶纺和富春纺等，也有色织和提花的条纺、彩格纺、花富纺等。

5．绉类织物

绉类织物是运用工艺手段和丝纤维材料特性织制的外观呈现皱纹效应的富有弹性的丝织物。绉类织物具有光泽柔和、手感细腻而富有弹性、抗皱性能好的特点。绉类织物的品种很多，适用于衬衫面料的绉类织物主要是中薄型的双绉、花绉、碧绉、香乐绉等（图 5-6）。

图 5-6

衬衫的材质具有多样化趋势，国际上知名品牌选择的面料就很有代表性。阿玛尼（ARMANI）的衬衫面料包括亚麻、埃及棉、丝绸、羊毛、粘胶纤维，还有羊绒等。品克（THOMAS）的衬衫面料有特级埃及 100 支双经单纬纯棉府绸、皇家牛津纺、海岛棉、麻纱、罗纹纺和山形斜纹纺等。其他府绸、轻罗、华尔纱、青年纺、麻纱、凹凸细纹布等也有所使用。

衬衫免烫处理可以使衬衫在穿用时具有很好的保型性，因此成为上班族的首选，雅戈尔推出的“VP 棉免烫衬衫”以及“DP 免烫衬衫”等就是高科技型免烫衬衫中的代表。

三、衬衫的色彩选择

衬衫之所以最能够体现人的风度，在很大程度上是因为它离头部很近，能够很好地突出人的肤色特征并美化之。除了领型和面料重要之外，衬衫的色彩选择也相当讲究。

衬衫的色彩选择的一条重要原则，就是要与人的肤色、年龄、体型和个性相符。如果肤色较黑，衬衫的色彩就不宜过深或过浅，应选用与肤色对比不强烈的粉红色和蓝绿色，最忌用色彩明亮的黄橙色或色调很暗的褐色、黑紫色等。皮肤偏黄的人，不宜选用浅黄色、土黄色、灰色的衬衫，否则会显得精神不振、无精打采。脸色苍白者不宜选择绿色和白色衬衫，否则会使脸色更显病态。反之，肤色红润的人适合绿色衬衫。如果一个人的精神状态非常好，那么白色是很好的选择，它可以匹配任何肤色，白色的反光会使人显得神采奕奕。

体形瘦小的人适合穿着色彩明度高的浅色衬衫，可以显得丰满；衬衫的颜色不能与外套相同，应该在色彩的明暗深浅上有明显的对比。

不能机械地对待条纹给予体型的视错觉，通常等距离的横条纹衬衫不适合体形较胖者，但是不同间距的横向条纹可以产生一种视线上下运动的旋律，反而会使身材显得修长。

四、衬衫的规格设计

衣长以人体的身高（即号型的号）为基准［（0.4 号 +4）cm］，或根据款式要求在此基础上适当地加减进行调节。

胸围以人体的净胸围（即号型的型）为基准，加放 18 ~ 20 cm。

肩宽在人体的净肩宽的基础上加放 3 ~ 4 cm。

袖长以人体的身高（即号型的号）为基准：长袖（0.3 号 +7.5）cm，短袖［0.2 号 -（9 ~ 10）］cm。

具体表 5-1。

表 5-1　5·4 系列 A 型男士衬衫规格　cm

部位 \ 号型	165/80	170/84	170/88	175/92	175/96	180/100	180/104	185/108	185/112
领围	37	38	39	40	41	42	43	44	45
衣长	70	72	72	74	74	76	76	78	78
圆摆衣长（后中量）	74	76	76	78	78	80	80	82	82
胸围	100	104	108	112	116	120	124	128	132
肩宽	45	46.2	47.4	48.6	49.8	51	52.2	53.4	54.6
长袖长	57	58.5	58.5	60	60	61.5	61.5	63	63
短袖长	24	25	25	26	26	27	27	28	28

第三节　标准衬衫

一、款式特征

标准衬衫属于四开身结构，方摆，造型宽松，前片与后片合并成单独的过肩。一片袖，低袖山型，袖口设计两个褶，带领座翻领，6 粒扣，左胸一个贴袋（图 5-7）。

图 5-7

二、面料成分

涤棉：60% 棉，40% 涤。

三、成品规格

标准衬衫的成品规格见表 5-2。

表 5-2　标准衬衫的成品规格（170/88A）　　cm

部位	衣长	胸围	肩宽	领围	袖长	袖口围
规格	76	108	47.4	39	58.5	25

四、制图要点

男衬衫前片结构

男衬衫后片结构

（1）由于标准衬衫的立体包装要求，后横领取（1.5*N*/10 − 0.5）cm，前直领深取（2*N*/10+3）cm。

（2）前、后片袖窿各取 0.7 cm 的袖窿省（图 5-8、图 5-9）。

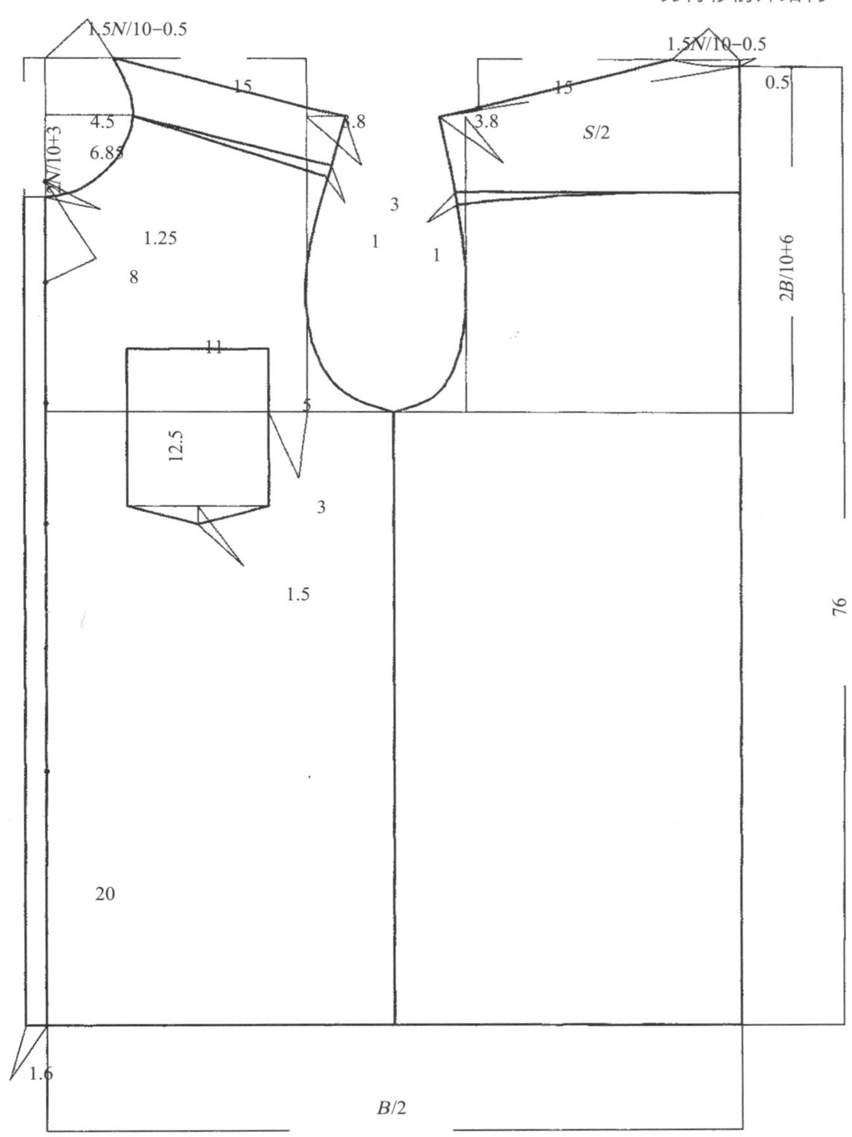

图 5-8

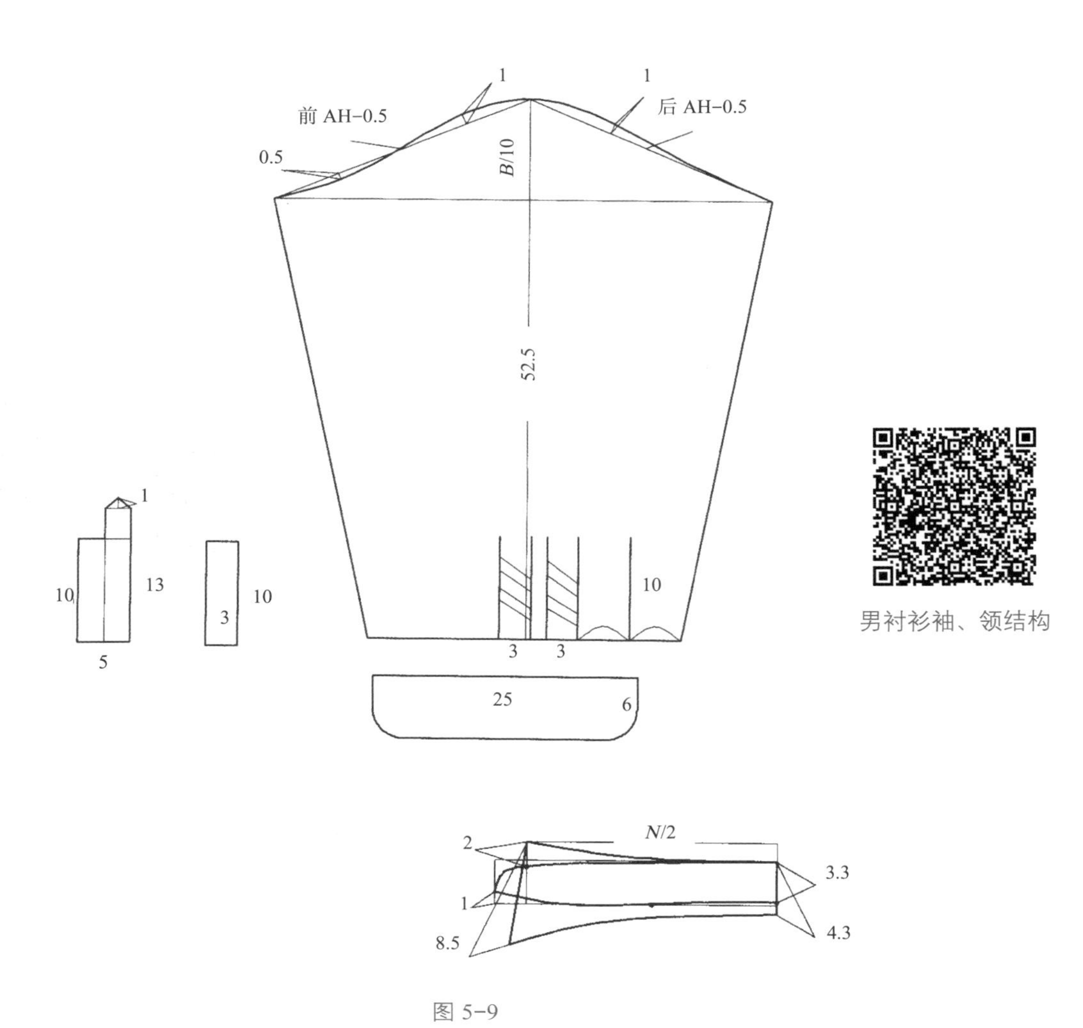

图 5-9

第四节　礼服衬衫

一、款式特征

礼服衬衫属于四开身结构，前胸设有 U 形育克，领型为双翼领结构，圆摆，造型宽松，前肩线平行向下移 3 cm，与后片合并成单独的过肩。一片袖，低袖山形，袖口设计两个褶（图 5-10）。

图 5-10

二、面料成分

涤棉：60% 棉，40% 涤。

三、成品规格

礼服衬衫的成品规格见表 5-3。

表 5-3 礼服衬衫的成品规格（170/88A） cm

部位	衣长	胸围	肩宽	领围	袖长	袖口围
规格	76	108	47.4	39	58.5	25

四、制图要点

（1）由于衬衫面料及结构要求的不同，前中不作偏胸处理，根据实际领围将原型前横领减小 2 cm，后横领减小 0.5 cm。

（2）根据款式要求将原型袖窿挖深 2.5 ~ 3 cm。

（3）侧缝收腰 4 cm（图 5-11、图 5-12）。

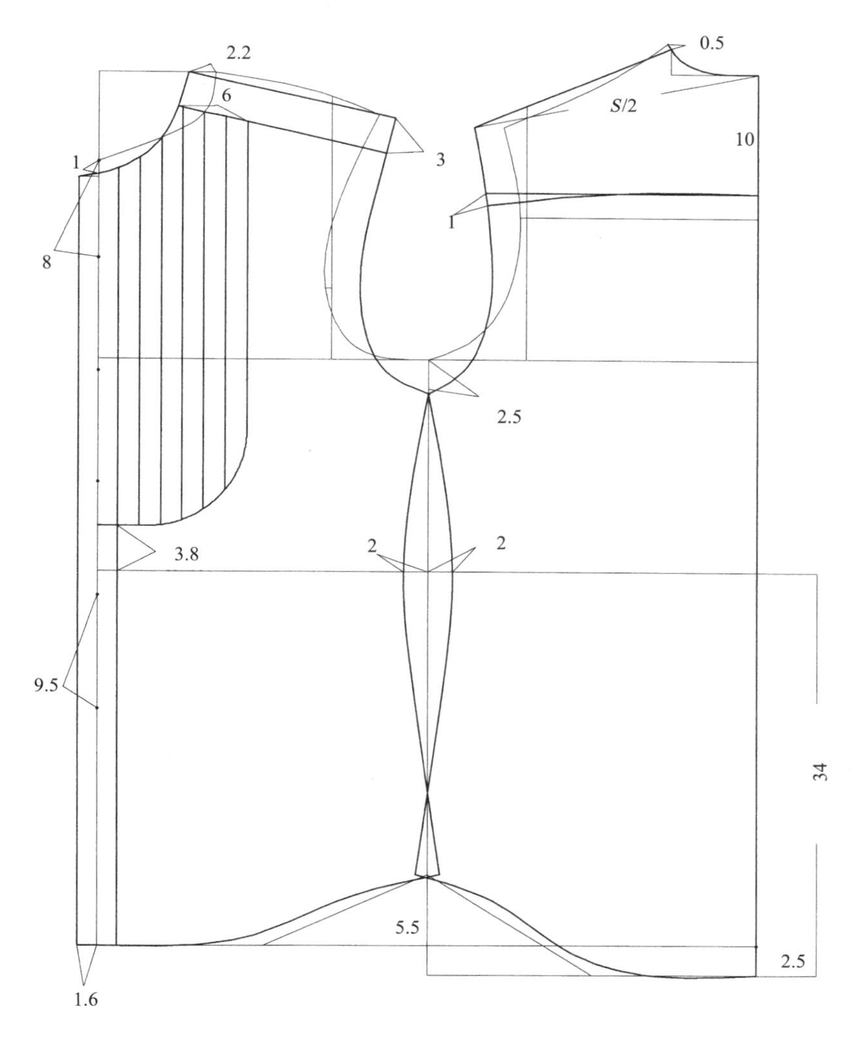

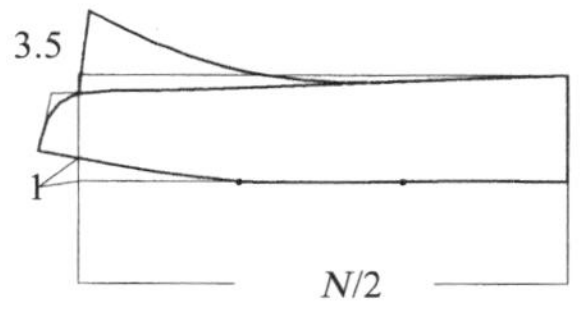

图 5-11

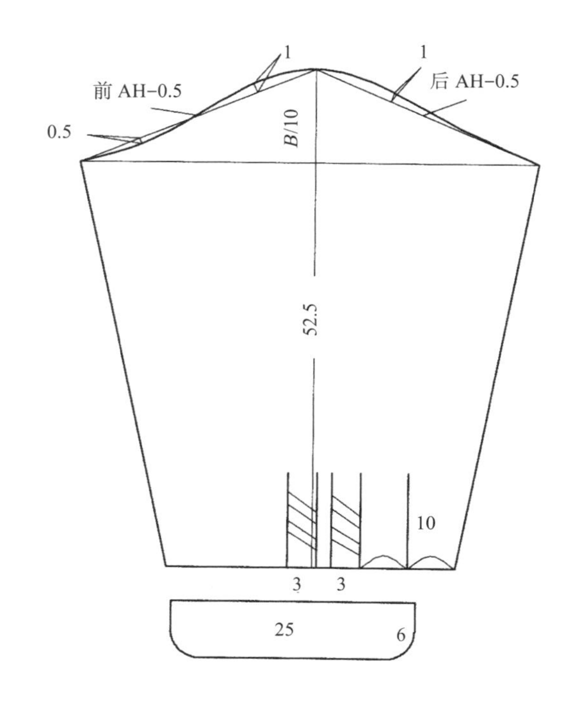

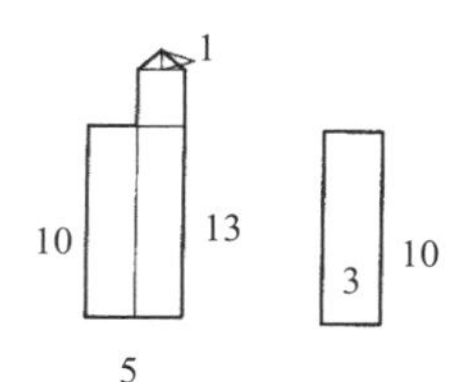

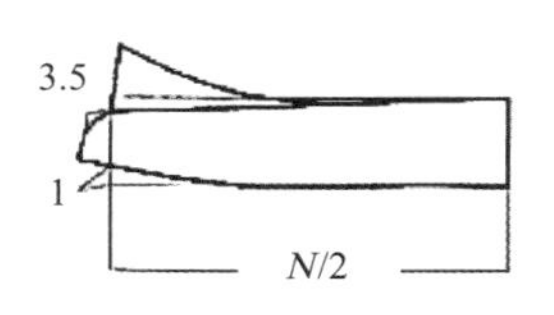

图 5-12

第五节　休闲衬衫

一、款式特征

圆摆，造型较合体，前片设有前胸省，后片设有后腰省。肩部及袖口设有装饰袢，领口及袖窿有装饰分割，一片分割短袖，带领座翻领，前片左、右胸各一个袋盖式贴袋（图 5-13）。

图 5-13

二、面料成分

全棉：100% 棉。

三、成品规格

休闲衬衫的成品规格见表 5-4。

表 5-4　休闲衬衫的成品规格（170/88A）

cm

部位	衣长	胸围	肩宽	领围	袖长	袖口围
规格	72	102	46	39	25	29.5

四、制图要点（图 5-14、图 5-15）

（1）由于休闲衬衫的结构较合体，前胸围取（B/4 － 1）cm，后胸围取（B/4+1）cm。

（2）前片取 1 cm 的前胸省，后片取 2 cm 的后腰省。

（3）后片袖窿取 0.7 cm 的袖窿省。

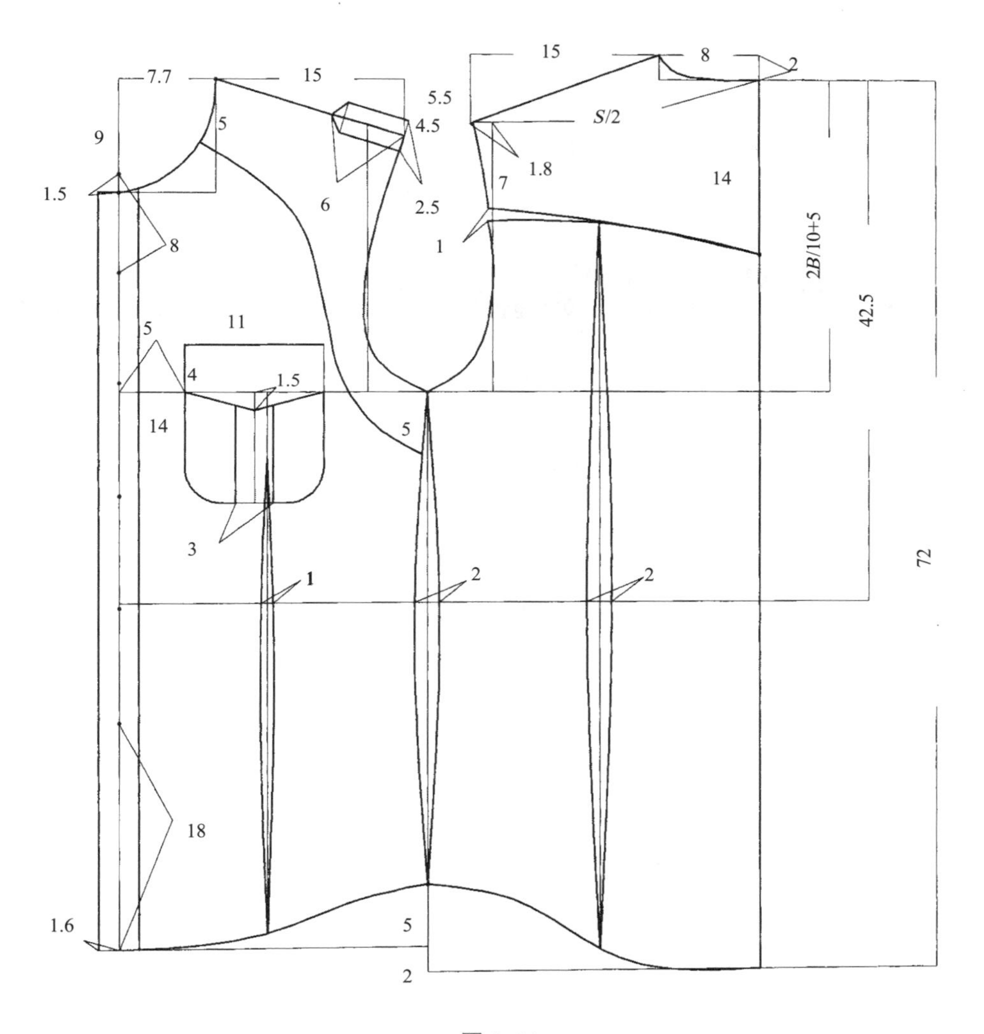

图 5-14

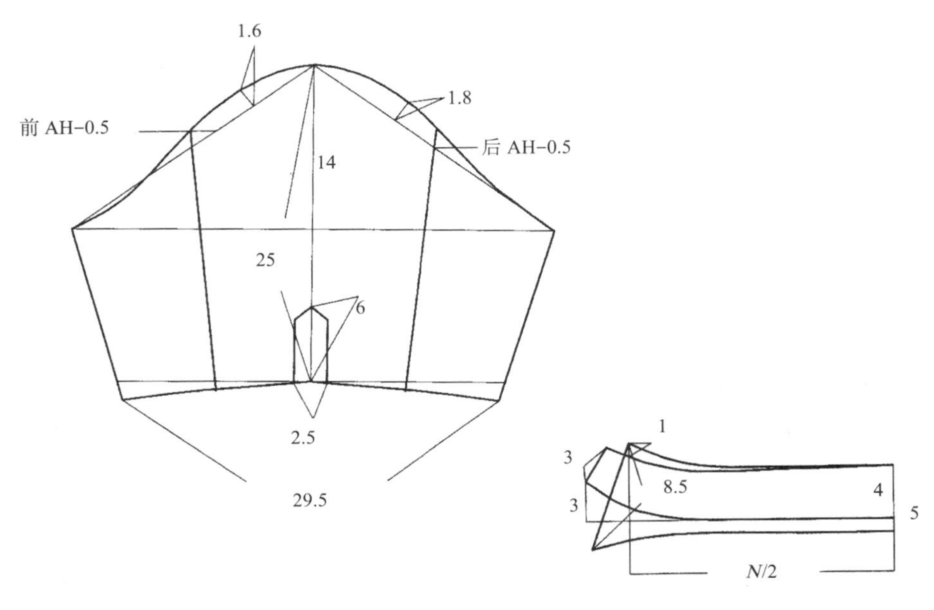

图 5-15

思考与训练

1. 简述男式衬衫的分类与特点。
2. 哪些面料适合用来制作男衬衫？
3. 按 1 ：1 的比例绘制男衬衫的结构图。

第六章 马甲的纸样设计

马甲是胴衣的总称，是一种无领无袖且较短的上衣，可称背子、马甲、坎肩或半臂等。其主要功能是使前、后胸区域保温并便于双手活动。马甲根据材质和功能的不同分为多种，由于西装马甲是马甲中的常青款，所以在潮流语汇中，所谓马甲大多是指西装马甲（图 6-1）。

现在所提到的马甲基本都采用西方社会着装规范中的款式，最显而易见的便是西装马甲。马甲是一个历史悠久的服饰品类，从原始人用兽皮包裹身体露出四肢开始，马甲就迈出了其历史进程的第一步。

图 6-1

第一节 马甲的穿着起源及演变

西装马甲起源于 16 世纪的欧洲，为衣摆两侧开口的无领、无袖上衣，长度约至膝，多以绸缎为面料，并饰以彩绣花边，穿于外套与衬衫之间。中国式马甲的基本款式有前、后身两片，故又名衫两裆（图 6-2）。

无论中外，马甲的主要功能都是使前、后胸区域保温并便于双手活动，它可以穿在外衣之内，也可以穿在内衣外面。如今，马甲已经在原有功能和意义上延伸出更多种类和花样。不同长度、不同款式、不同面料质地以及不同的搭配方式为马甲这个小主题带来了大作为。在最近几年里，男士马甲成为时装流行中的亮点，男士马甲本身也发生着微妙的变化，在不经意间呈现百花齐放的局面。

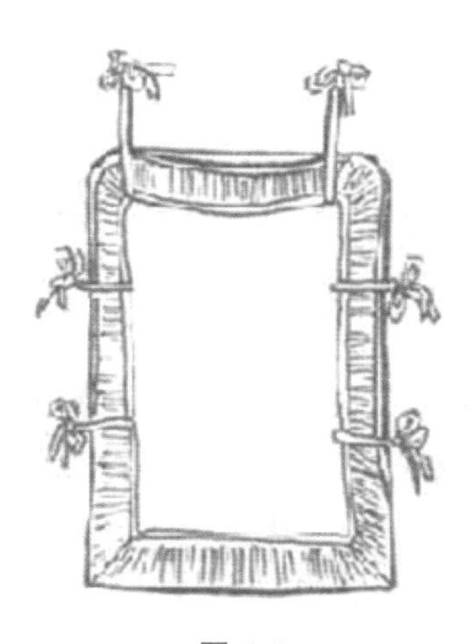

图 6-2

一、我国马甲的演变

我国的马甲起源于汉朝。汉末刘熙在《释名・释衣服》中称：“裆，其一当胸，其一当背也”。裆者即马甲，这在王先谦的《释名疏证补》中讲得更清楚：“案即唐宋时之半背，今俗谓之马甲。当背当心，亦两当义也。”徐珂的《清稗类钞・服饰类》也说：“半臂，汉时名绣裾，即今之坎肩也，又名马甲。”由此可见，至少在 2 000 年前的汉朝马甲就面世了。我国历代关于马甲的趣闻逸事很多。《实录》中对马甲曾有记述：“隋大业中，内官多服半涂，即长袖也。唐高祖减其袖谓之半臂，今背子也。江淮之间或曰绰子。士人竞服，隋始制之也。今俗名搭护，又名马甲。”看来唐高祖李渊也是一位马甲的积极倡导者。北宋文学家苏轼也爱穿马甲，他因“谤讪朝廷”罪而被贬谪到海南岛后回常州地区，在归途中就穿着马甲。这在邵博的《邵氏闻见后录》里有记述：“东坡自海外归毗陵，病暑，着小冠，披半臂，坐船中，夹运河岸千万人随观之。”清时有一种“军机坎”，称为“巴图鲁坎肩”，“巴图鲁”在满语中是“勇士”的意思。这种马甲制作讲究，四周镶边，正胸前纽扣一字排开，也称为“一字襟”马甲或“十三太保”。只有朝廷要员才有资格穿这种马甲（图 6-3）。后来这种马甲逐渐成为一种礼服，一般官员也都穿着。

图 6-3

自东晋十六国到南北朝时期，骑兵的作用大大提高，组建了人和马都披铠甲的重甲骑兵，马铠的结构也日趋完备，并从此称为具装铠或马具装。具装铠有铁质的，也有皮质的，一般由保护马头的“面帘”、保护马颈的“鸡颈”、保护马胸的“当胸”、保护躯干的“马身甲”、保护马臀的“搭后”以及竖在尾上的“寄生”六部分组成，使战马除耳、目、口、鼻以及四肢、尾巴外露以外，全身都有铠甲的保护。隋朝以后，重甲骑兵日渐减少，但马铠仍是军队中使用的一种防护装具。在宋、辽、金之间的战争中，交战各方都使用过装备马铠的骑兵。到明清时期，骑兵的战马一般不再披这种笨重的马甲。

二、西方马甲的演变

追根溯源，西方马甲的流行也是源于东方，西方马甲是由从伊朗王二世 Shah Abbas 的宫廷前往英国的访问者带来的，其原型是有袖子的，并且长于内衣的服装，1666 年 10 月 7 日英国国王查理二世将马甲作为皇室服装确定下来。从政治角度上来讲，这是为了反对法国文化对英国的影响，以简单的着装来抵制凡尔赛的奢华风格。那时候的马甲是由黑色面料和白色丝绸里料通过简单的裁剪制成的前扣式服装。马甲从国王开始，逐渐在大众中普及起来。

西装马甲起源于 16 世纪的欧洲，为衣摆两侧开口的无领无袖上衣，在形成的初期长度至膝。18 世纪后期，西装马甲的长度逐渐缩短至腰部，演变为与西装一起配套穿着（图 6-4）。到了 20 世纪二三十年代，Black-Tie Party（译成中文是指“正式的晚宴或宴会”）

图 6-4

成为一种盛行的上流社交方式，继而礼服、马甲、腰封和领结的搭配成为经典，影响至今。

西装马甲现多为单排扣，少数为双排扣或带有衣领。其特点是前衣片采用与西装同面料裁制，后衣片则采用与西装同里料裁制，背后腰部有的还装带襻、卡子以调节松紧。20 世纪初英国爱德华七世建立了西方男性正装着装的规范，西服三件套的形制被确立下来，西装马甲便成为男性日常生活中常见而又较为正式的服装之一。

第二节　马甲的分类及常用材料

一、马甲的分类与特点

男士马甲大致可分为普通马甲、西装马甲（基本型）、礼服马甲和休闲马甲（应用型）四种。

马甲式样有单排扣及双排扣之分。单排五扣马甲为三件套标准型马甲，衣料与上衣及裤子相同。后片用里子绸，单独穿用时可用带有图案的丝缎等衣料缝制。后腰部可装有能够束紧的腰带，衣料如选用白色可搭配燕尾礼服穿用。单排六扣马甲与单排五扣马甲的式样基本一致，只是在前斜襟处多一个装饰扣。

1．普通马甲（图 6-5）

普通马甲一般配合西装、运动西装和调和西装穿用，因此又可以划分为三件套马甲和运动型马甲两种。

图 6–5

所谓三件套马甲是指和西装、西裤形成同一材质和颜色的配套组合服，在形式上有五粒扣和六粒扣的区别：五粒扣马甲较为普及，称为现代版；六粒扣马甲更为正统，称为传统版。它们在结构上都属于普通马甲，其主体板型变化不大。单排三扣为晚礼服用，颜色为白色或浅灰色，纽扣由本料布或贝壳等制作，后衣片有连前衣片简化成腰带的式样。双排五扣及六扣马甲可配礼服穿用，也可单独穿用。

运动型马甲的整体结构和普通马甲相似，只对后身衣长作适当调整，前身腰部设计成断缝，形成上、下两片结构。

2．礼服马甲

礼服马甲从功能上看，逐渐从普通马甲的护胸、防寒、护腰作用转变成以护腰为主的装饰性和礼仪作用。因此，它在纸样结构上，主要集中在腰部的处理，甚至完全变成一种特别的腰式结构。这是构成礼服马甲形式的目的性要求，这种形式集中反映在晚礼服马甲上。

塔士多礼服马甲和燕尾服马甲同属于晚礼服马甲（图 6–6），在功能上也有相同的作用。其整体纸样在放松量上和普通马甲相同，在纸样处理上可在六粒扣马甲的基本型上调节袖窿深与前领造型。在塔士多礼服中，卡玛绉饰带是该礼服马甲的代用品，也是梅斯礼服的必用品。由于它和礼服马甲的功能完全相同，而且使用方便，故备受欢迎。卡玛绉饰带也常作为燕尾服马甲的代用品，但要用白丝缎面料制作。现代燕尾服马甲常采用一种简单的马甲造型，其结构设计是将后身的大部分去掉，简化为与前身连接的系带结构。

晨礼服马甲（图 6-7）因为用于白天的正式场合，其结构设计的特点更具有实用性。其纸样设计仍在六粒扣马甲的基本型上完成，衣长和袖窿结构与普通马甲相似。现代也常用一种简化的六粒扣小八字领的马甲代替。

3．休闲马甲（图 6-8）

休闲马甲是一种与休闲服饰配套穿用的便装马甲。其穿着方式随意，可在休闲、旅游等户外活动时与衬衫或毛衣配合穿用。其款式造型设计自由，可采用贴袋处理，前开口亦可使用拉链，面料选材广泛，可用灯芯绒、丝绒、皮革、合成革等材料。

图 6-6

图 6-7

图 6-8

二、马甲的常用材料

马甲除了采用与套装相同的面料以外，还可使用棉、毛、化纤、混纺、毛织物、棉织物、皮革、合成皮革、针织等不同材料，或者用这些材料随意组合制作成各式各样的马甲。

马甲最初为了保暖而结构极为简洁，到了 18 世纪，最初的简洁款式被遗忘，大量奢华的面料和铜制扣子被装饰在马甲上。连到了较为保守的维多利亚时代，马甲的面料也还是很花哨，圆点、条纹和花卉印花一直很流行。到了 20 世纪早期，因为中央供暖系统的出现、套头针织衫的普及以及战士服装配给的限制，马甲的流行陷入低谷。

到了如今，制作马甲的材料更加多样，在保持功能性的前提下，马甲在视觉上和质感上不断推陈出新。如今领结不再搭配锦缎驳领的礼服西装，敞开领口的衬衫并没有打破经典三件套的和谐；将格子衬衫和牛仔面料马甲套在西装里面，打破了西装马甲面料与外套一致的传统（图 6-9）。

在颜色的选择上，西装马甲突破了原有的低调搭配。可爱的粉红格子马甲和长裤搭配带有强烈的乡村气息（图 6-10）。

图 6-9

图 6-10

在表面装饰上，马甲是很容易复古的款式，以各种质地如天鹅绒、锦缎等可表现出巴洛克时代的宫廷风格，金属圆片的装饰可带来极具现代感的设计（图 6-11）。

图 6-11

第三节 西装马甲

在男士套装中，西装马甲是三件套西装的基本型组合元素，其式样别具风格，所以在任何时代都受到人们的欢迎。西装马甲主要是与西装配套穿用的马甲，结构比较稳定，造型多数为 V 字领单排扣搭门，五粒或六粒明纽扣，四开袋，收腰省，前身面料用西装面料，后背面料用西装的里子面料。

一、款式特征

属于最正统型，与上衣、裤子使用相同面料制作，或不同面料配色制作。其造型为单排五粒纽扣，四个挖袋，前摆为斜角，后背有腰带，两侧有开衩（图 6–12）。

图 6–12

二、面料成分

厚华达呢、直贡呢等。

三、成品规格

成品规格见表 6–1。

表 6–1　西装马甲的成品规格（92A5）　cm

部位	背长	衣长（后中长）	胸围
规格	41	52	104

四、制图要点（图 6-13）

（1）使用男子原型绘制基本型马甲。

（2）马甲是穿在上衣里面的，所以不需要加过多的余量，合体即可。

（3）为使前衣身能够贴身合体，前肩线比原型降低 2 cm。

（4）后身下摆的延长尺寸可以在 1 ~ 3 cm 范围内自由决定，下摆线与水平线平齐或短于水平线都可。

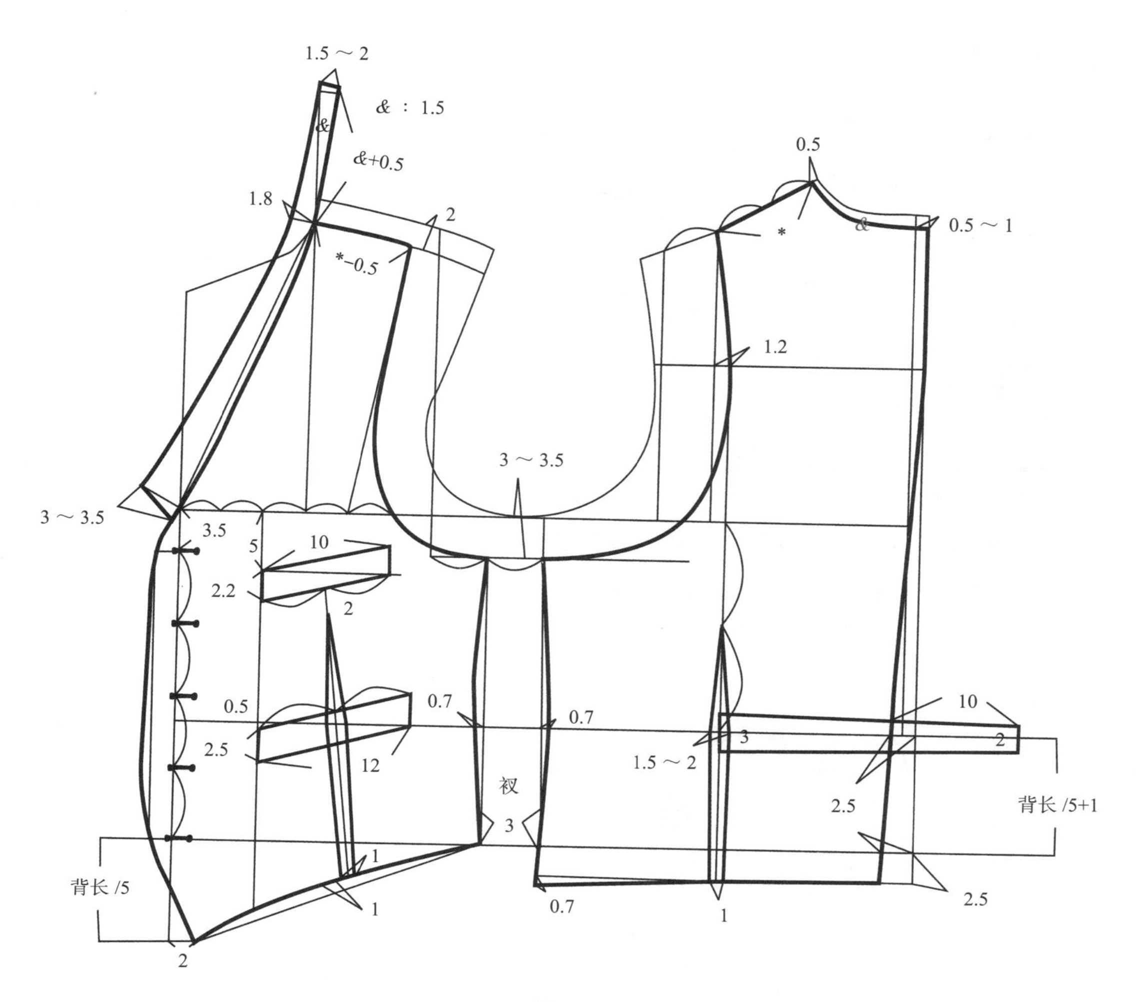

图 6-13

第四节 普通马甲（比例式）

为了穿着方便，制作方法简单，在西装马甲的基础上后领口条可去掉，前衣身可做三个挖袋或两个挖袋，两侧可不开衩，胸部的加放量也可增大。

一、款式特征

其造型为单排五粒纽扣，四个挖袋，前摆为斜角，后背有腰带，两侧有开衩（图 6-14）。

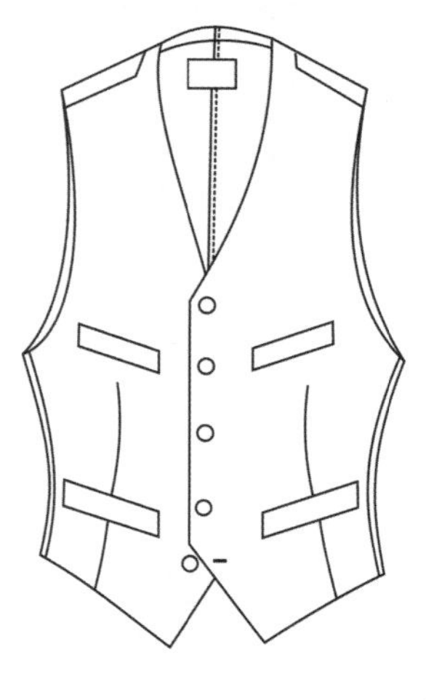

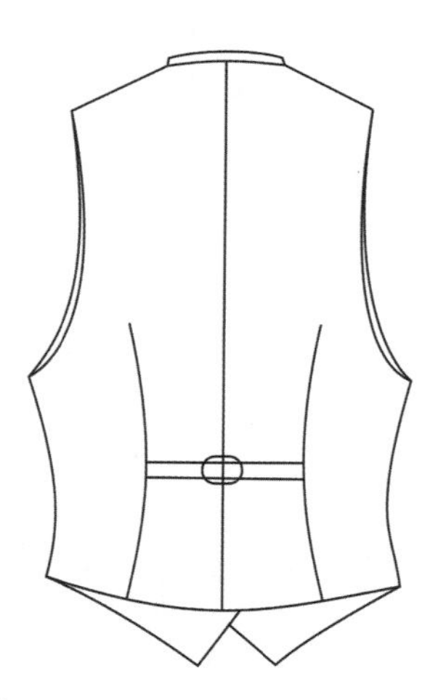

图 6-14

二、面料成分

适合各种面料。

三、成品规格

成品规格见表 6-2。

表 6-2　普通马甲的成品规格（170/88A）　cm

部位	衣长	胸围	小肩宽
规格	60	98	9

四、制图要点（图 6-15）

（1）注意贴边的画法，与正统型的贴边画法不同，袖窿深的确定及小肩的宽窄可根据衣料的关系及个人喜好自由变化。

（2）后身下摆是水平的，口袋在形状上亦可加以变化。

（3）后衣身也可与前衣身采用相同的面料制作。

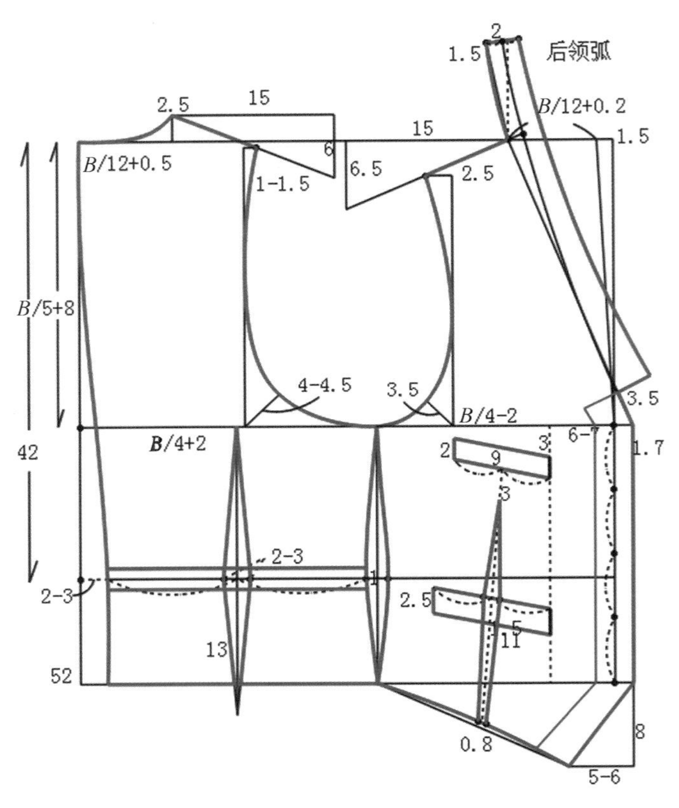

图 6-15

第五节　礼服马甲

礼服马甲是为了配合不同的礼仪场合，作为礼节规格的标志，与其他服饰构成一种标准的形式。礼服马甲的作用由护胸、御寒、护腰转变为以护腰为主的装饰和礼仪作用。其主要种类有燕尾服马甲（图 6-16）和晨礼服马甲（图 6-17）。

图 6-16

图 6-17

一、款式特征

此款礼服马甲同属于晚礼服马甲。其款式特征为：U 形领口加青果领，前襟设三粒扣，两单嵌线口袋（图 6-18）。

二、面料成分

礼服马甲是一块“自由地”，款式材质自由，但整体风格要协调，如复古而华丽的锦缎马甲搭配的是复古风格的礼服，色泽古典，配以条纹缎面青果领的款式。

图 6-18

三、成品规格

成品规格见表 6-3。

表 6-3　礼服马甲的成品规格（170/88A）　cm

部位	背长	衣长	胸围	肩宽
规格	42.5	56	96	32.5

四、制图要点（图 6-19）

（1）礼服马甲结构设计基本与西装马甲相同，可以直接利用五粒扣马甲作为基本型进行纸样处理，完成结构设计。

（2）由于衣长和前摆追加量的设计较为保守，故侧缝下端不必进行开衩设计。

（3）为使其具有较好的运动舒适性，所以袖窿的开深度较大，前肩线设计小于后肩线，为归拔处理提供设计条件。

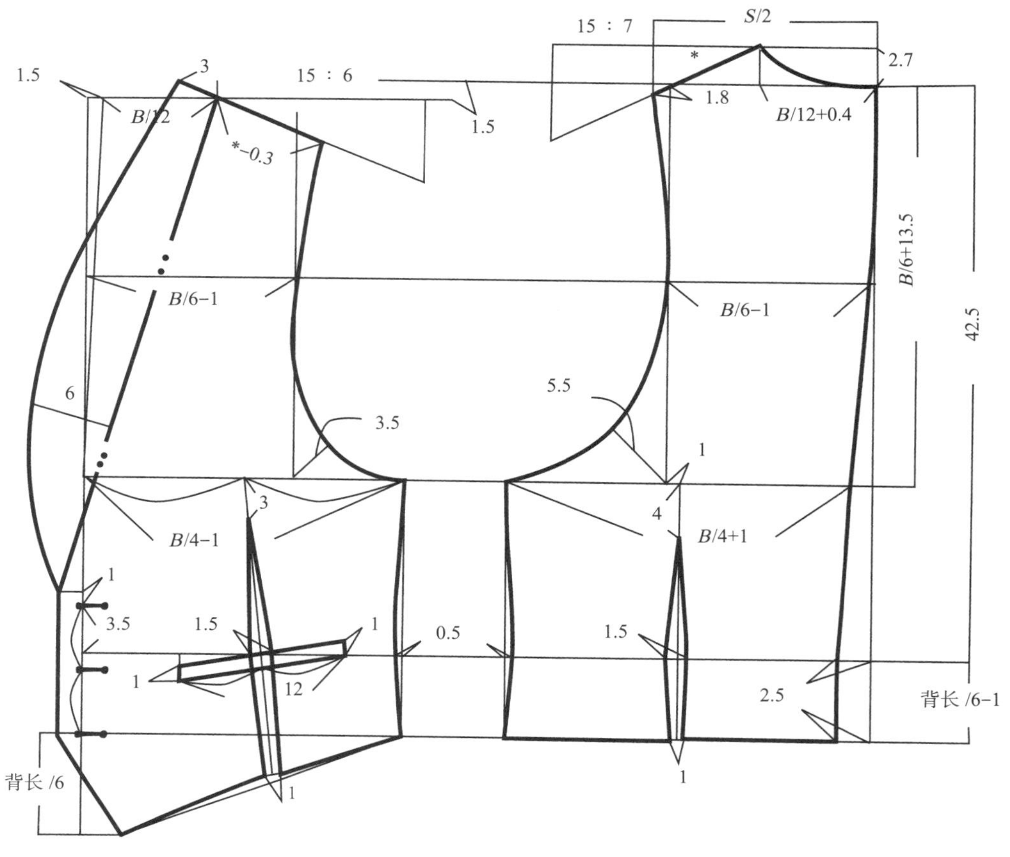

图 6-19

第六节　休闲马甲

一、款式特征

前中拉链设计的休闲马甲穿着轻松随意、实用、大方；缉明线，多袋，颜色多采用黑色、深咖啡色、米色等（图 6-20）。

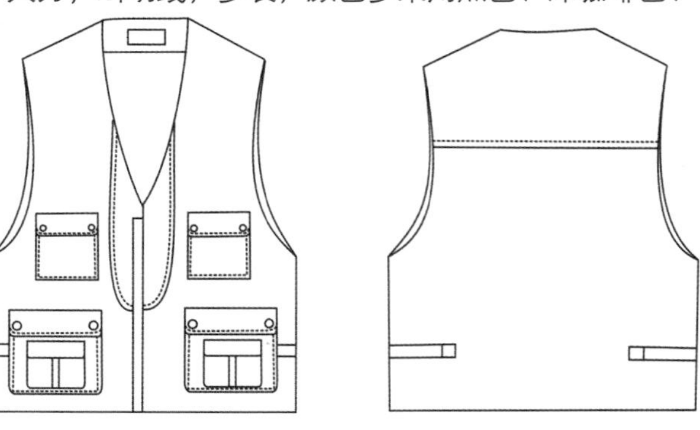

图 6-20

二、面料成分

51% 棉，49% 人造丝。

三、成品规格

成品规格见表 6-4。

表 6-4 休闲马甲的成品规格（170/88A） cm

部位	衣长	胸围	肩宽	领围
规格	59	104	39	44

四、制图要点（图 6-21）

（1）休闲马甲结构整体比基本型马甲宽松，从其胸围松度与袖窿的开深度可见。

（2）立体袋的设计不仅美观且实用，应注意口袋与衣身比例的协调。

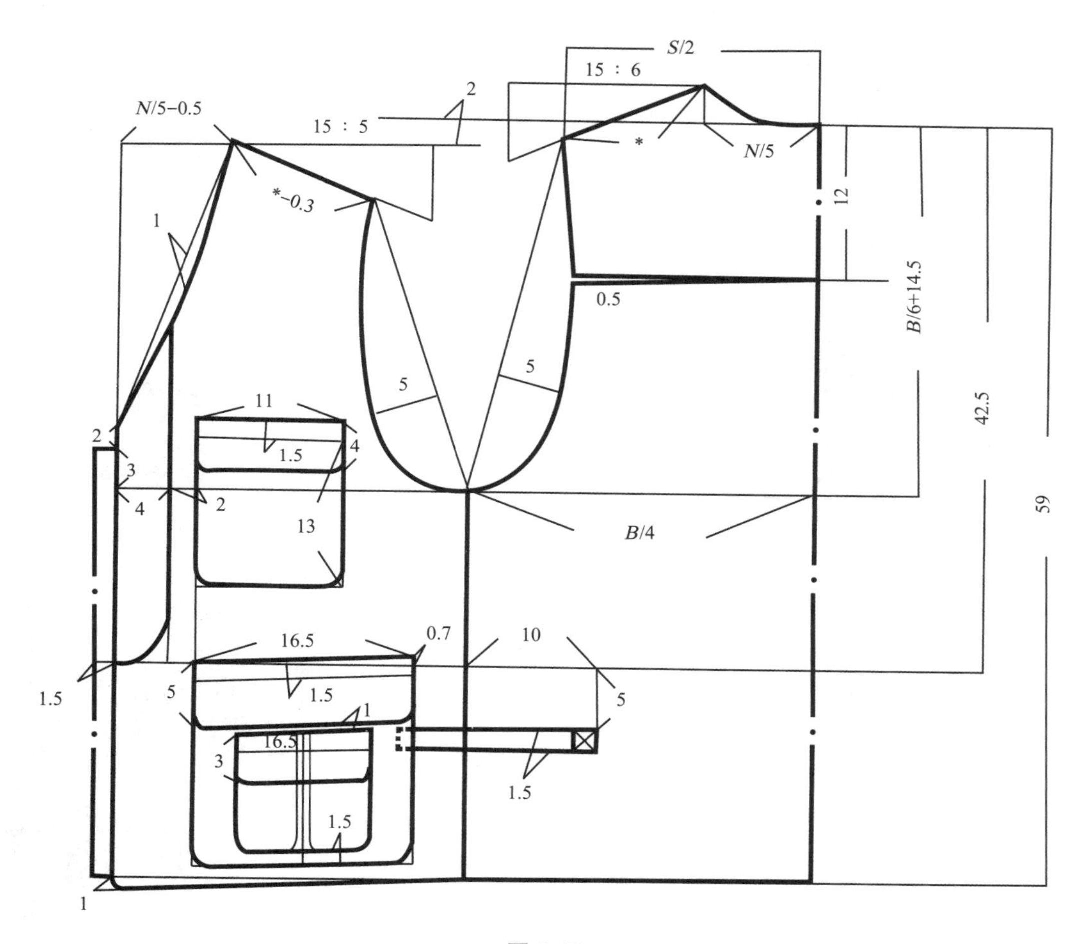

图 6-21

思考与训练

1. 利用五粒扣马甲作为基本型进行纸样处理，将其变成燕尾服马甲纸样。
2. 使用男子原型设计绘制晨礼服马甲。
3. 对马甲纸样设计的关键技术进行分析。
4. 分析当今马甲的常用材料与流行趋势。

第七章 西装的纸样设计

西装又称“西服”“洋装”，广义上指西式服装，是相对于“中式服装”而言的欧系服装，狭义上指西式上装或西式套装。西装一般分为三件套西装（包括背心，也称马甲）、两件套西装和单件西装三种。

西装的基本型制为：翻驳领；翻领驳头（分戗驳角和平驳角），在胸前空着一个三角区呈 V 形；前身有三只口袋，左上胸为手巾袋，左、右摆各有一只有盖挖袋、嵌线挖袋或贴线袋；下摆为圆角、方角或斜角等；有的开背衩两条或一条；袖口有真开衩和假开衩两种，并钉衩纽。

西装的主要特点是外观挺括、线条流畅、穿着舒适。西装通常是公司企业职员、政府机关公务人员在较为正式的场合着装的首选。西装之所以长盛不衰，很重要的原因是它拥有深厚的文化内涵，若配上领带或领结，则更显得高雅典朴、潇洒大方（图 7-1）。

图 7-1

第一节 西装的穿着起源及演变

男士西装源于北欧南下的日耳曼民族服装，据说当时是西欧渔民穿的，他们终年与海洋为伴，在海里谋生，着装散领，少扣，捕起鱼来才会方便。它以人体活动和体形等特点的结构分离组合为原则，形成了以打褶（省）、分片、分体为主的服装缝制方法，并以此确立了流行至今的服装结构模式。也有资料认为，男士西装源自英国王室的传统服装，是以同一面料成套搭配的三件套装，由上衣、背心和裤子组成。其在造型上延续了男士礼服的基本型式，属于日常服装中的正统装束，使用场合甚为

广泛，并从欧洲流行至国际社会，成为世界指导性服装（图 7-2）。

图 7-2

19 世纪 40 年代前后，西装传入中国。来中国的外籍人士和出国经商、留学的中国人多穿西装。中国第一套国产西装诞生于清末，是“红帮裁缝”为知名民主革命家徐锡麟制作的。中国人开的第一家西服店是由宁波人李来义于 1879 年在苏州创办的李宏昌西服店（图 7-3）。

19 世纪 50 年代以前，西装并无固定式样，有的收腰，有的呈直筒形；有的左胸开袋，有的无袋。

19 世纪 90 年代，西装基本定型，并广泛流传于世界各国。

20 世纪 40 年代，男士西装的特点是腰宽，下摆小，肩部略平宽，胸部饱满，领子翻出偏大，袖口较小，较明显地突出男性挺拔的线条之美和阳刚之气。

20世纪50年代前中期，男士西装趋向自然洒脱，但变化不很明显。

20 世纪 60 年代中后期，男士西装普遍采用斜肩、宽腰身和小下摆，领子和驳头都很小，此时期的男士西装具有简洁而轻快的风格。

20 世纪 70 年代，男士西装又恢复到 20 世纪 40 年代以前的基本式样，即平肩掐腰。

20 世纪 70 年代末期至 80 年代初期，西装又有了一些变化，主要表现为腰部较宽松，造型古朴典雅并带有浪漫的色彩。

图 7-3

第二节　西装的分类

西装主要有西套装和单件西装两种，也可以分为单排扣或双排扣、单开衩或双开衩以及无衩等，还有两粒扣和三粒扣、戗驳领和平驳领的区别。尽管西装已经成为男装中的经典，但是它也有很多流行变化，不仅有种类之别、驳领宽窄之分，还有肩、襟、袋以及色彩、面料的时尚因素整合。

一、按版型分类

西装按版型可以分为欧式西装、法式西装、英式西装、美式西装、日式西装、中式西装。

（1）欧式西装：通常为倒梯形造型，口袋和衣身帖服，有垫肩，裁剪合身。其中意大利西装后背略松，因穿着舒适、做工精细而受到中国市场的认可，如阿玛尼（ARMANI）、杰尼亚（ZEGNA）和伯爵莱利（PAL ZIERI）（图 7-4）。

（2）法式西装：更加强调合体性，典型品牌如浪凡（LANVIN），而迪奥（DIOR）的收腰合身式样则更加受到时尚人士的追捧（图 7-5）。

图 7-4

（3）英式西装：通常比较传统，有垫肩，两侧开衩，收腰造型，口袋略下垂，一般采用条纹和格子花呢的材料，其风格和造型严谨甚至有种军服的味道。但是保罗·史密斯（PAUL SMITH）一改英式西装的坚硬风格，从各方面引入时尚要素，使英式西装再次成为现代男士的精致时尚（图 7-6）。

（4）美式西装：肩线自然，后背开衩或无衩，口袋略下垂，典型品牌如拉尔夫·劳伦、POLO 以及 CK 等，充分体现了美国服装实用随意的个性（图 7-7）。

图 7-5

图 7-6

（5）日式西装：借鉴了欧式和英式西装的特点，同时充分考虑到日本人的体型特点，有垫肩，上衣收腰，口袋平服，衣长较短，是非常合身的款型，穿用时人体的活动量较小（图 7-8）。

（6）中式西装：主要根据中国人的衣着习惯，结合各国西装版型特点加以改造而来，比如国人所熟知的雅戈尔西装（图 7-9）。

图 7-7

图 7-8

图 7-9

二、按纽扣的数量分类

按纽扣的数量分类，西装可分为一粒扣、两粒扣、三粒扣、四粒扣。

（1）一粒扣西装：其纽扣与上衣袋口处于同一水平线上，这种款式源于美国的绅士服，最初用于庆典和宴会等庄重场合，20 世纪 70 年代较为流行，如今不多见（图 7-10）。

（2）两粒扣西装：两粒扣西装分单排扣和双排扣。单排两粒扣西装最为经典，穿着普遍，成为男士西装的基本式样，并由纽扣位置的高低和驳领开头的变化而产生风格变化（图 7-11）。双排两粒扣西装多为戗驳领，下摆方正，衣身较长，具有严谨、庄重的特点。

（3）三粒扣西装：它的特点是穿时只扣中间一粒扣或上面两粒扣，风格庄重、优雅（图 7-12）。

（4）四粒扣西装：它的特点是穿时只扣中间两粒扣或上面三粒扣，风格庄重、优雅（图 7-13）。

三、按纽扣的排列方式分类

按纽扣的排列方式来划分，西装分单排扣西装上衣与双排扣西装上衣。

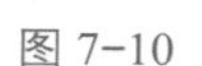
图 7-10

图 7-11

（1）单排扣西装上衣：最常见的有一粒扣、两粒扣、三粒扣三种。一粒扣、三粒扣单排扣西装上衣穿起来较时髦，而两粒扣单排扣西装上衣则显得更为正规一些。男士常穿的单排扣西装上衣以两粒扣、平驳领、高驳头、圆角下摆款为主（图 7-14）。

图 7-12

图 7-13

图 7-14

（2）双排扣西装上衣：最常见的有两粒扣、四粒扣、六粒扣等三种。两粒扣、六粒扣双排扣西装上衣属于流行的款式，而四粒扣双排扣西装上衣则明显具有传统风格。男士常穿的双排扣西装上衣以六粒扣、戗驳领、方角下摆款为主（图 7-15）。

西装后片开衩分为单开衩、双开衩和不开衩，单排扣西装上衣可以选择三者其一，而双排扣西装上衣则只能选择双开衩或不开衩。

图 7-15

第三节　西装的常用材料及规格

一、常用西装面料

常用西装面料主要有以下几种：纯羊毛精纺面料、纯羊毛粗纺面料、羊毛与涤纶混纺面料、羊毛与粘胶或棉混纺面料、涤纶与粘胶混纺面料、纯化纤仿毛面料。西装的面料是决定西装档次的重要标志之一。

（1）纯羊毛精纺面料。100%羊毛，大多质地较薄，呢面光滑，纹路清晰。光泽自然柔和，有漂光。身骨挺括，手感柔软而富有弹性。紧握呢料后松开，基本无皱折，即使有轻微折痕也可在很短的时间内消失。该面料属于西装面料中的上等面料，通常用于春、夏季西装。该面料的西装容易起球，不耐磨损，易被虫蛀，易发霉。

（2）纯羊毛粗纺面料。100%羊毛，大多质地厚实，呢面丰满，色光柔和而漂光足。呢面和绒面类不露纹底。纹面类织纹清晰而丰富。手感温和，挺括而富有弹性。该面料属于西装面料中的上等面料，通常用于秋、冬季西装。该面料的西装容易起球，不耐磨损，易被虫蛀，易发霉（图7-16）。

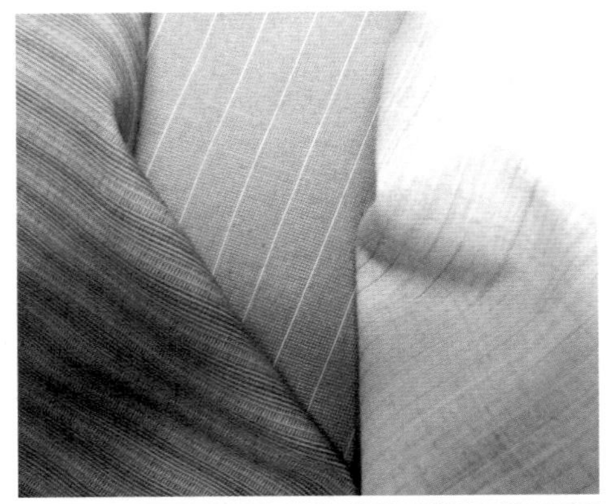

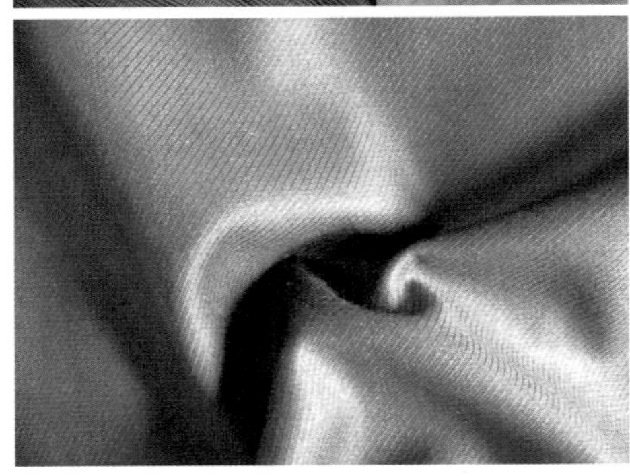

图 7-16

（3）羊毛与涤纶混纺面料。阳光下表面有闪光点，缺乏纯羊毛面料的柔和感。毛涤（涤毛）面料挺括但有板硬感，并随涤纶含量的增加而明显突出。该面料弹性较纯毛面料要好，但手感不及纯毛和毛腈混纺面料。紧握呢料后松开，几乎无折痕。该面料属于比较常见的中档西装面料。

（4）羊毛与粘胶或棉混纺面料，光泽较暗淡。精纺类手感较疲软，粗纺类则手感松散。这类面料的弹性和挺括感不及纯羊毛和毛涤、毛腈混纺面料，但是价格比较低廉，维护简单，穿着也比较舒适。该面料属于比较常见的中档西装面料（图 7-17）。

（5）涤纶与粘胶混纺面料。属于近年出现的西装面料，质地较薄，表面光滑有质感，易成形，不易皱，轻便潇洒，维护简单。其缺点是保暖性差，属于纯化纤面料，适用于春、夏季西装。在一些时尚品牌为年轻人设计的西装中常见，属于中档西装面料。

（6）纯化纤仿毛面料。这是传统以粘胶、人造毛纤维为原料的仿毛面料，光泽暗淡，手感疲软，缺乏挺括感。由于弹性较差，极易出现皱折，且不易消退。从面料中抽出的纱线湿水后的强度比干态时有明显下降，这是鉴别粘胶类面料的有效方法。此外，这类面料浸湿后发硬变厚，属于西服面料中的低档产品（图 7-18）。

一般情况下，西装面料中羊毛的含量越高，面料的档次越高，纯羊毛的面料当然是最佳选择。近年来，随着化纤技术的不断进步和发展，纯羊毛的面料在一些领域也暴露出它的不足，比如笨重、容易起球、不耐磨损等。

西装的品质除了与面料的选择有关外，还与选用的辅料和覆衬工艺有密切的关系。随着科学技术的进步和新型纺织材料的开发，现代西装制作所用的面料和辅料与以往相比也有很多变化。新风格西装不仅在毛料的选用上趋向

图 7-17

图 7-18

更加轻薄和富有现代感，而且辅料的选用也有很多不同，如有纺粘合衬的底布比过去更加柔软、轻盈、有弹性。热熔胶的品种、涂层方式和后整理加工工艺等也都有很多改进。黑炭衬和包芯马尾衬以及胸绒的单位质量更小，手感、弹性和回复性更好。衬里的材料柔软滑爽，吸湿透气，抗静电性能更好。为了提高里衬和衬里的环保性能，对游离甲醛的含量和有毒、有害染料的使用等都有了更严格的标准，这些都使西装的品质得到进一步的提高，使西装穿着起来更加安全舒适。

二、西装的色彩运用

随着纺织染整技术的进步和新型材料的不断出现以及人们审美心理的不断发展，西装的色彩也丰富起来。各种色彩、肌理的西装为更多的选择和搭配提供了可能，也对穿着者提出了更高的要求。

中国人肤色偏黄，不宜选黄色、绿色和紫色的西装。深蓝色、深灰色、暖性色、中性色等色系更加适合中国人，时下流行的炭灰色（单色，质地细密）以及炭褐色、深蓝色（单色或带素色斑点、条纹）和深橄榄色西装都是不错的选择。

肤色较暗的男士也可以选择浅色系西装。面孔白皙的人可以选择炭色、浅蓝色、灰色以及褐色系等单一色或夹灰色条纹的西装。适合色彩鲜艳、色调丰富、强烈对比条纹西装的男士，本身的肤色和发色的色调对比就很强烈。有一点需要注意的是，纵然现在人们的接受力已经大大提高，但是橙红、苹果绿等戏剧性色彩的西装还是会给人离经叛道的印象，要慎重选择（图 7-19）。

图 7-19

现代社会的工作和社交场合多种多样，仅根据不同的季节准备 3 ~ 4 套不同材料的西装已经无法满足需要。严格来讲，男士应该准备 5 ~ 7 套西装才够，其中包括浅蓝色、灰色、褐色和黑色系列以及正式和便装式样。

三、西装的穿着法则

现代男士西装基本上是沿袭欧洲男性服装的传统习惯形成的，具有一定的礼仪意义。西装的穿着有着不成文的规范，并包含以下细节：

（1）西装长度在手臂自然下垂时及拇指第一关节为佳；两

粒扣西装只系上面的扣子，三粒扣西装系中间或上面两粒扣；西装袖口的商标要取下；手巾袋中只能放置折叠扁平的手帕，不宜放置其他东西；在正式场合只能穿带暗袋的上装。

（2）衬衫领在后颈部可高于西装领 1.5 cm；衬衫袖口应露于西装袖口外 1.5 cm；衬衫的外边和领尖必须被西装领遮盖。

（3）领带的结要正好处在衬衫领口的正中间且不滑动，系好领带后，领带尖正好触及皮带。

（4）西装长裤前面盖及鞋面，后面离地 2 cm。

（5）袜子颜色应与西装同色或为深色，忌用白色，袜子长度要保证坐下来时不露出腿部。

（6）西装一定要配皮鞋，注意皮鞋的色彩、风格应与西装统一；皮带的颜色要与皮鞋协调。

（7）西装内除衬衫外不要穿得太多。

西装的魅力在于对个人风格的塑造，可以表现穿着者的审美情趣和鉴赏水平的地方。当然，原则并不代表一成不变，西装的穿法同样也有时尚变化。

四、西装的成品规格（表 7-1）

衣长以人体的身高（即号型的号）为基准{［0.4 号 +（5 ～ 6）］cm}，或根据款式要求在此基础上适当加减进行调节。

胸围以人体的净胸围（即号型的型）为基准，加放 18 ～ 20 cm。

肩宽在人体的净肩宽基础上加放 3 ～ 4 cm。

袖长以人体的身高（即号型的号）为基准［（0.3 号 +8）］cm。

表 7-1　5・4 系列 A 型西装的成品规格　　cm

部位＼号型	165/84	170/86	170/88	175/90	175/92	180/94	180/96	185/98	185/100
前衣长	74	76	76	78	78	80	80	82	82
后衣长（后中量）	72.3	74.3	74.3	76.3	76.3	78.3	78.3	80.3	80.3
胸　围	104	106	108	110	112	114	116	118	120
肩　宽	46	46.6	47.2	47.8	48.2	48.8	49.4	50	50.6
袖　长	58.2	59.7	59.7	61.2	61.2	62.7	62.7	64.3	64.3
袖口大	13.7	13.9	14.3	14.5	14.7	14.9	15.1	15.3	15.5
大袋大	14.8	14.8	14.8	14.8	14.8	15.6	15.6	15.6	15.6
袋盖宽	6	6	6	6	6	6	6	6	6
手巾袋大	10.3	10.3	10.3	10.3	10.3	10.6	10.6	10.6	10.6
手巾袋宽	2.9	2.9	2.9	2.9	2.9	2.9	2.9	2.9	2.9

第四节　礼仪西装

一、款式特征（图 7-20）

属于三开身结构，前中两粒扣圆摆，X 形合体造型，单排扣，戗驳领，合体两片袖结构，左胸一个手巾袋，下摆两个嵌条挖袋，侧缝开衩。

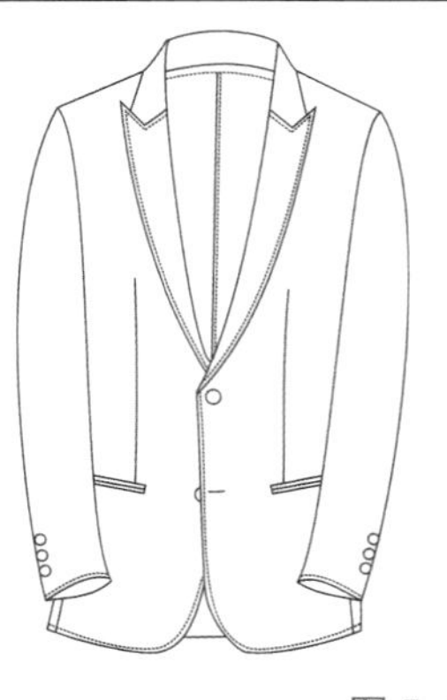
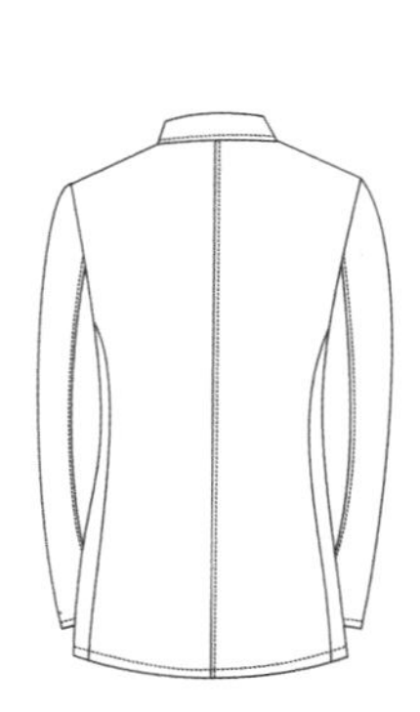

图 7-20

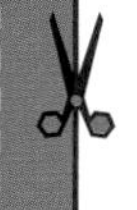

二、面料成分

60% 毛，40% 涤。

三、成品规格

成品规格见表 7-2。

表 7-2　礼仪西装的成品规格（170/88A）　cm

部位	前衣长	胸围	肩宽	后衣长	袖长	袖口
规格	76	108	47.2	74.3	59.7	14.3

四、制图要点（图 7-21、图 7-22）

（1）在原型的基础上后横领开宽 1 cm，同时半身围度增大 1 cm。

（2）此款是三开身 X 形合体结构，省道主要集中在侧腰及背中。侧腰一般取 4 ～ 5 cm，背中取 2 ～ 2.5 cm。

（3）口袋处设置 0.5 ～ 0.7 cm 的腹省。

（4）侧衩长 22 ～ 24 cm。

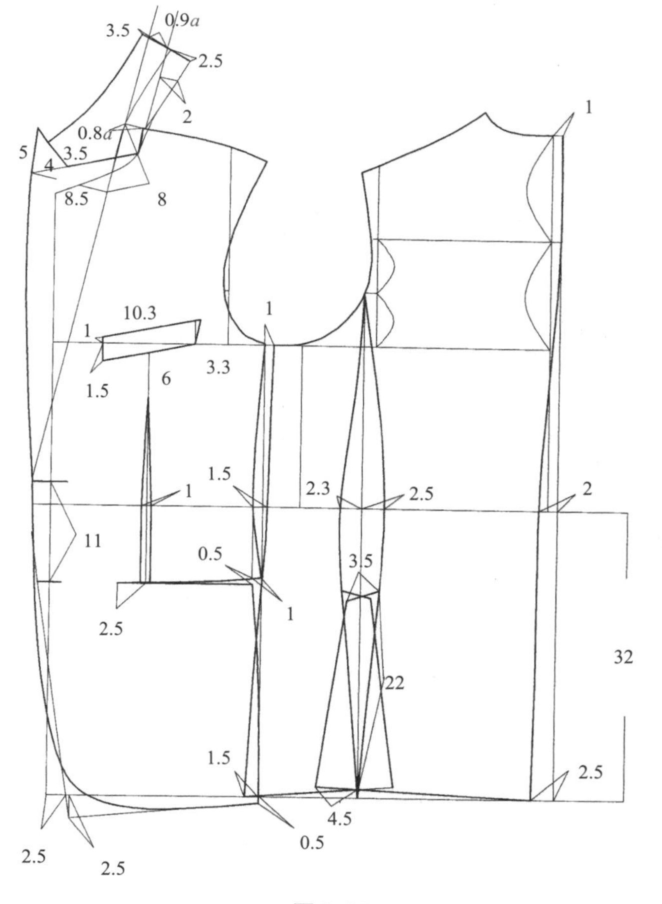

图 7-21

男西装前片腋片结构

男西装后片结构

男西装领结构

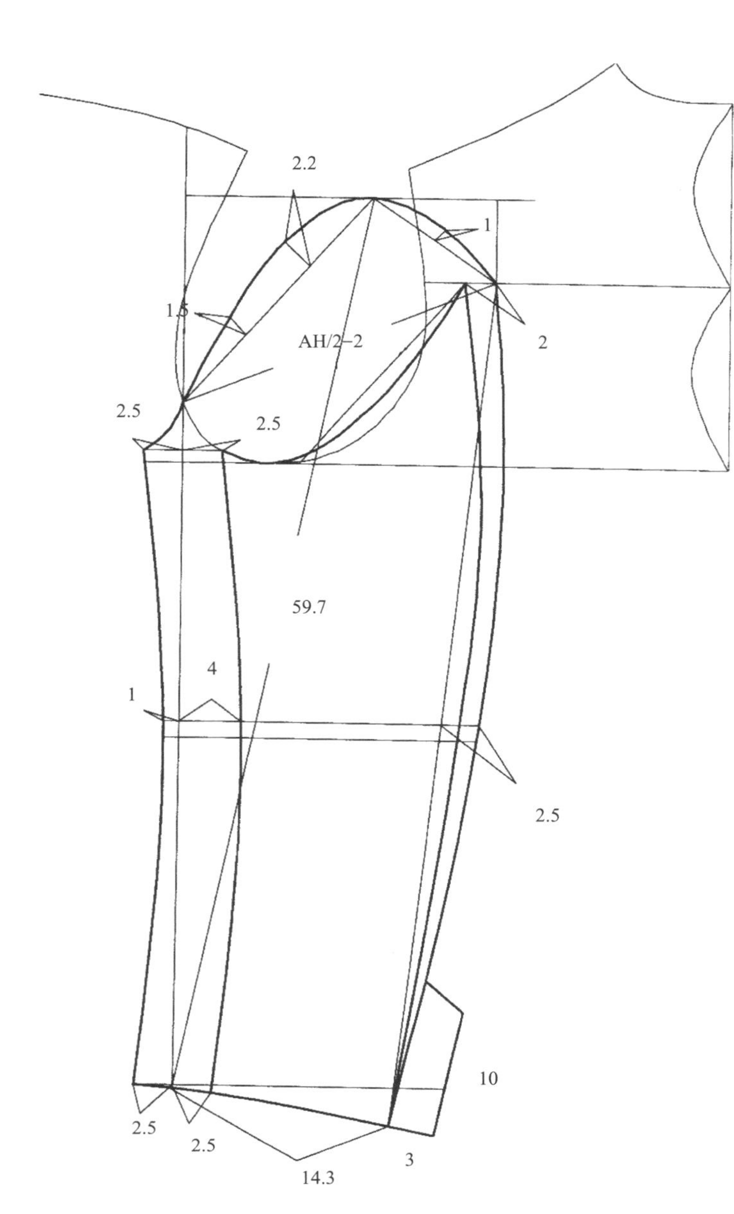

男西装两片袖结构

图 7-22

第五节 日常西装

一、款式特征（图 7-23）

属于三开身结构，前中三粒扣圆摆，X 形合体造型，单排扣平驳领，合体两片袖结构，左胸一个手巾袋，下摆两个嵌条挖袋并装有袋盖，后中开衩。

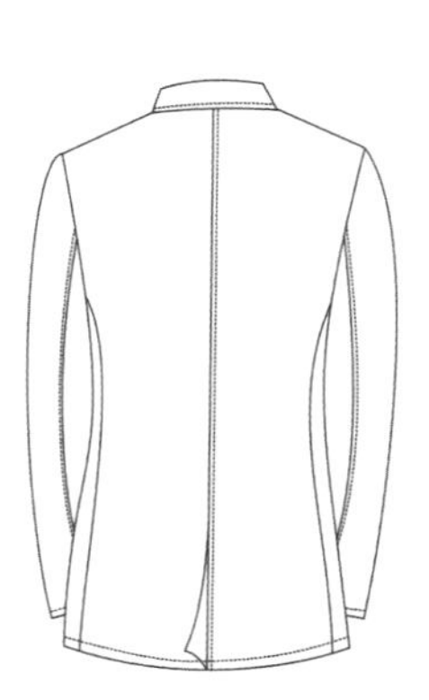

图 7-23

二、面料成分

60% 毛，40% 涤。

三、成品规格

成品规格见表 7-3。

表 7-3　日常西装的成品规格（170/88A）　cm

部位	前衣长	胸围	肩宽	后衣长	袖长	袖口
规格	76	108	47.2	74.3	59.7	14.3

四、制图要点（图 7-24、图 7-25）

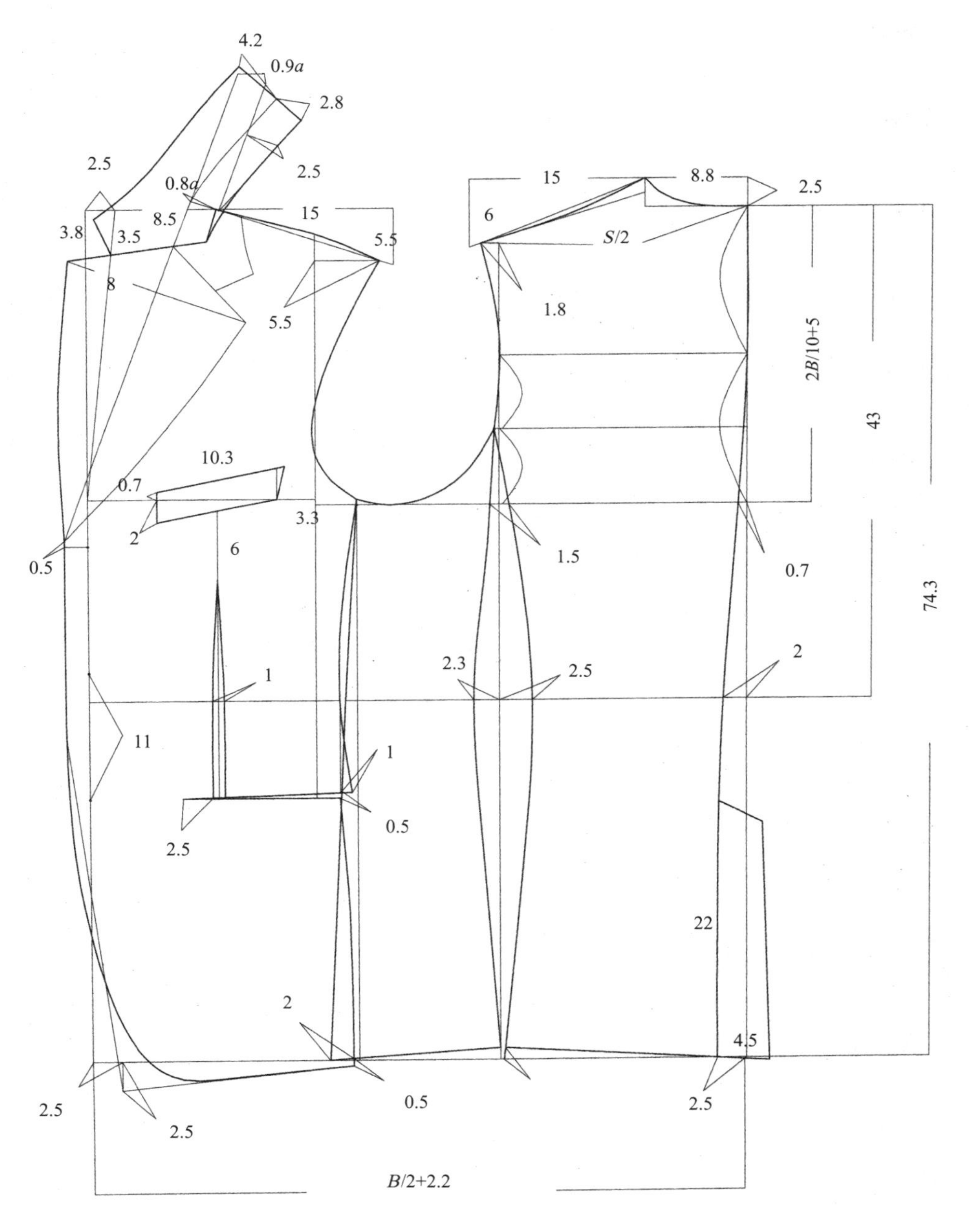

图 7-24

（1）此款是三开身 X 形合体结构，省道主要集中在侧腰及背中。侧腰一般取 4 ~ 5 cm，背中取 2 ~ 2.5 cm。

（2）口袋处设置 0.5 ~ 0.7 cm 的腹省。

（3）后中衩位长 22 ~ 24 cm。

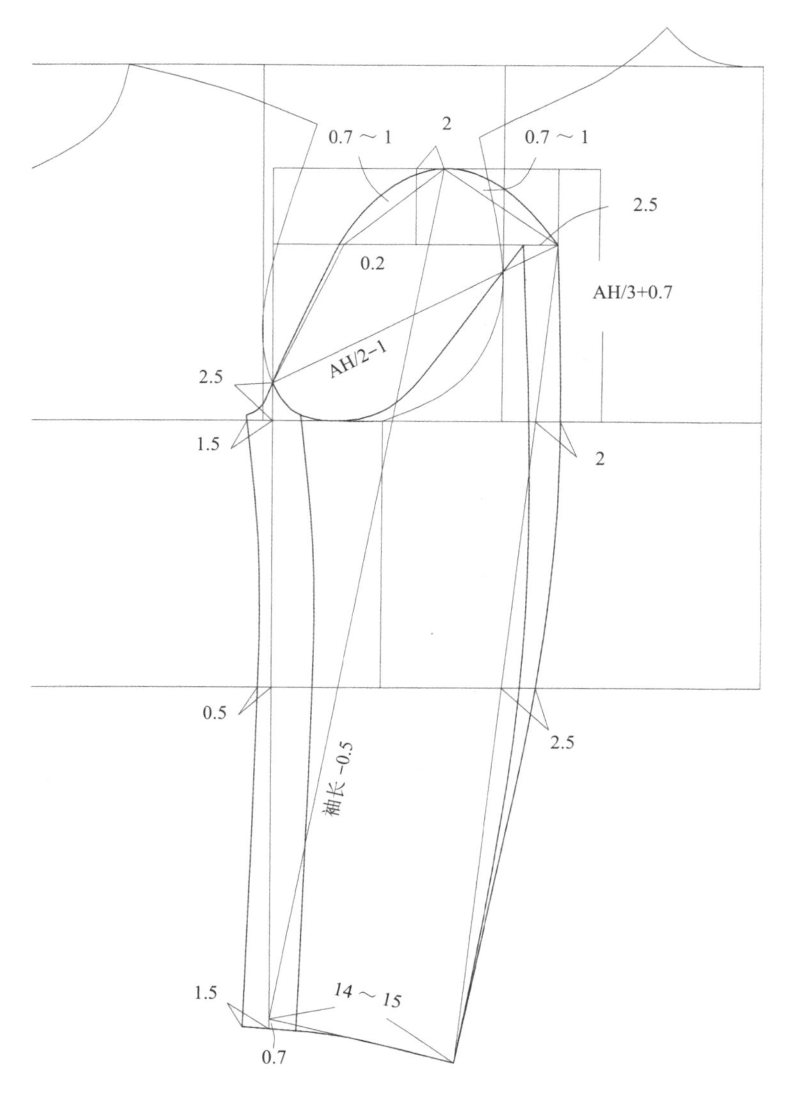

图 7-25

第六节　休闲西装

一、款式特征（图 7-26）

休闲西装属于三开身结构，前中一粒扣圆摆，H 形较合体造型，单排扣燕尾领，合体两片袖结构，肩部有肩贴设计，左胸一个嵌条袋盖挖袋，下摆两个嵌条袋盖挖袋，袖肘部有袖贴设计。

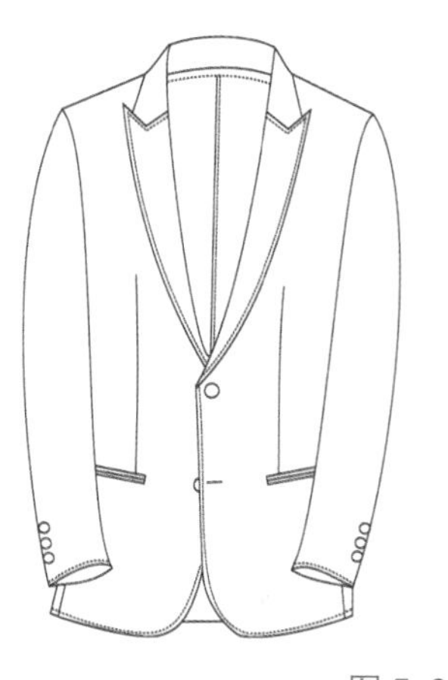

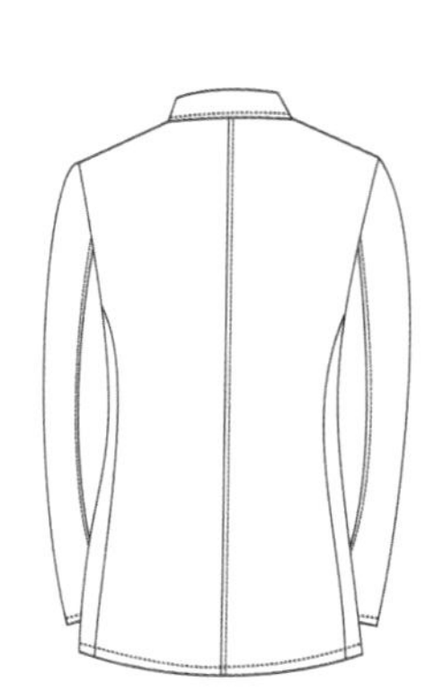

图 7-26

二、面料成分

60% 毛，40% 涤。

三、成品规格

成品规格见表 7-4。

表 7-4 休闲西装的成品规格（170/88A） cm

部位	前衣长	胸围	肩宽	后衣长	袖长	袖口
规格	68.5	106	44.8	66.5	60	14

四、制图要点（图 7-27、图 7-28）

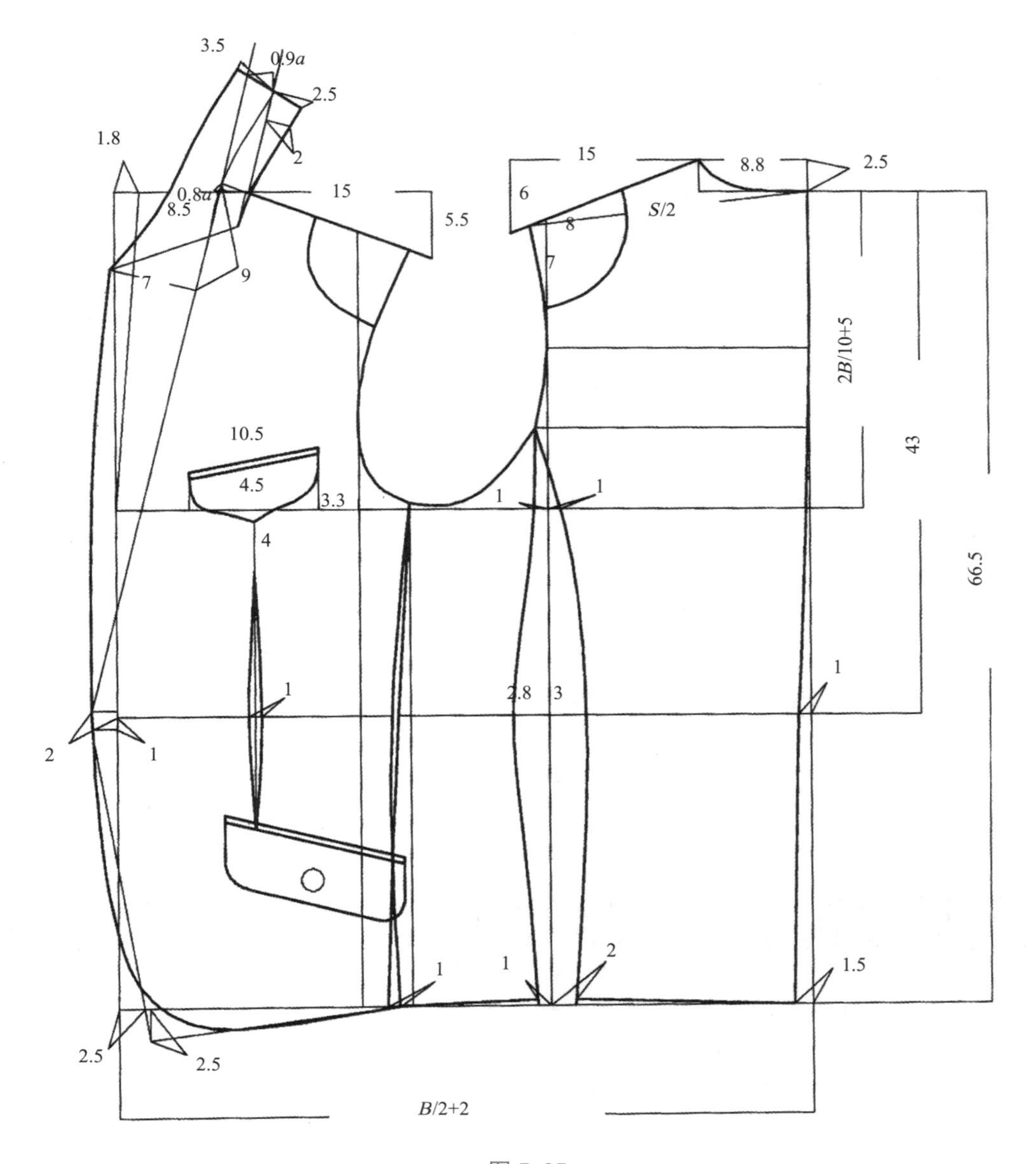

图 7-27

（1）此款是三开身 H 形较合体结构，省道主要集中在侧腰，侧腰一般取 5 ～ 6 cm，由于背中缉明线的工艺要求，背中省道取 1 ～ 1.5 cm。

（2）由于下摆斜袋的工艺要求袋口不做腹省，只作菱形省处理。

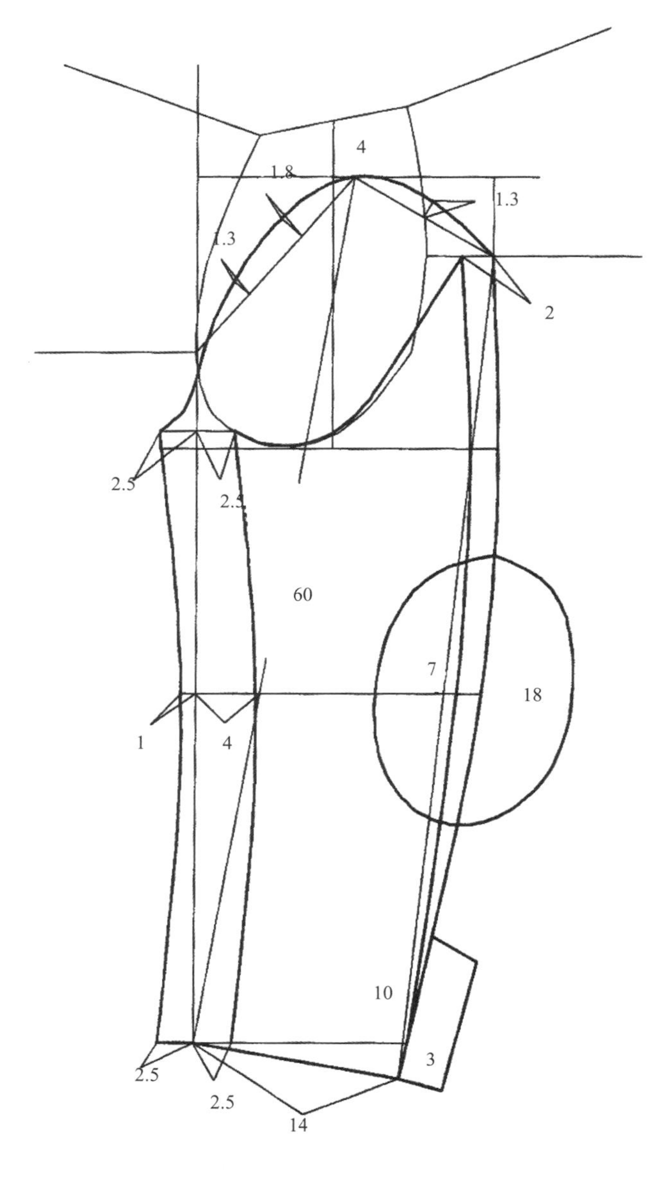

图 7-28

思考与训练

1．了解现有国内外各种版型西装的品牌及风格。

2．哪些面料适合用来制作西装？

3．练习绘制各种西装的结构设计图。

第八章 休闲装的纸样设计

相比于西装式样，休闲装式样自 19 世纪以后相对缓慢地变化，但发展至今已经派生出许多种类。尤其在 20 世纪中期以后，随着美国文化在全球影响力的增强，美国风格的休闲装在世界范围内风行，而欧洲的服装品牌又将传统的便装元素加入休闲装中。

衣长较短、胸围宽松、紧袖口克夫、下摆克夫是休闲夹克的经典式样。如今的休闲夹克无论从原料、造型、功能和风格等方面均有更多的细分。

面料是体现休闲装特色的一个重要方面。除了传统的平纹和斜纹面料外，皮质、绒质或者仿皮、起绒织物以及各种天然纤维和化纤的牛仔布、灯芯绒、素色面料、印花面料均成为制作休闲装的选择。

休闲装的造型具有更多流行变化。休闲装的下摆线从腰线上直到臀围线附近，变化多样；下摆克夫也不一定用松紧带收紧，仅采纳了它的形式特征。插肩袖使手臂活动更加方便。领子和前门襟变化更是丰富，针织罗纹领、立领以及各种翻领，配合从单排扣、双排扣到拉链式、粘刺等各种门襟开合形式，使休闲装的式样多种多样。再加上面料的拼接，袖口、袋形以及各种装饰细节的变化，让休闲装成为男装中式样变化最为丰富的种类。

休闲装自诞生之日起就是讲究功能性的，而现在这种实用功能又和风格紧密联系在一起。简单来说，有运动型的休闲装，如阿迪达斯（ADIDAS）的跑步服、车手服等；有强调防护性或者舒适性的技能型休闲装，如以哥伦比亚（COLUMBIA）品牌为代表的防水服、风雨夹克、滑雪衫等；还有日常型休闲装，如美国 CK 的中性式样、德国 HUGO BOSS 的时尚款式。

男夹克结构设计基础知识

第一节 休闲装的分类、常用面料及规格

休闲装一般具有简明、自然、运动、时尚、大方等特点，不同款式的休闲装可以塑造不同的感觉，它的概念广泛、内涵丰富，常用的面料有天然羊绒、精纺毛、

高支棉，还有各种含高科技成分的混纺面料及化纤面料等，也可以根据季节的变换以及活动内容的不同来选择不同的面料。

一、休闲装的分类

休闲装按穿着风格和款式特征可分为：前卫休闲装、运动休闲装、浪漫休闲装、中式休闲装、民俗休闲装和乡村休闲装等。

图 8-1

1．前卫休闲装

它打破了传统休闲服饰的着装概念，赋予休闲服饰以全新的设计理念和穿着方式，体现了现代人追求自我、开放、前卫的生活方式，从而改变传统休闲服饰的固有模式，使休闲服饰当之无愧地成为“时装”这个概念中的一个主要部分。它注重创新，反映了现代人追求自由、享受无拘束的生活方式和在紧张喧嚣的快节奏都市生活中营造快乐的心情。

前卫休闲装常采用新型质地的面料，风格偏向未来型，比如用闪光面料制作的太空衫，是对未来穿着的想象。有的休闲装则局部运用了金属色，如黄色、银色等，或用金线绣出时尚造型，或点缀印花图案（图 8-1）。

图 8-2

2．运动休闲装

运动休闲装具有明显的功能作用，即使人在休闲运动中能够舒展自如。它以良好的自由度、功能性和运动感赢得了大众的青睐（图 8-2），如全棉T 恤、涤棉套衫等。运动休闲装在面料选择上以舒适感为标尺，以棉料为主，以莱卡为辅，使服装更加柔软，而且可以保证服装不变形，吸汗性强。

3．浪漫休闲装

浪漫休闲装以柔和圆顺的线条、变化丰富的浅淡色调、宽松的超大形象、个性化的时尚设计营造出一种浪漫的氛围和休闲的格调（图 8-3）。

图 8-3

4．中式休闲装

中式休闲装构思简洁单纯，效果典雅端庄，强调面料的质地和精良的剪裁，显示出一种古典的美（图 8-4）。

5．民俗休闲装

民俗休闲装巧妙地运用民俗图案和蜡染、扎染、泼染等工艺，有很浓郁的民俗风味（图 8-5）。

6．乡村休闲装

乡村休闲装讲究自然、自由、自在的风格，造型随意、舒适。它用手感粗犷而自然的面料，如麻、棉、皮革等制作服装，是人们返璞归真、崇尚自然的真情流露（图 8-6）。

二、休闲装的常用面料

不同风格的休闲装在面料符合要求的情况下，要适当注意以下三个因素。第一，服装的合身度。虽然休闲装不似正装那样讲究合身度，但合身度也会影响穿着后的效果，选择休闲装时，应选择略微宽松的。第二，服装的品质。可以通过面料的手感、工艺的水平来确定休闲装的品质，同时

图 8-4

图 8-5

图 8-6

也要注意布面的瑕疵、缝制或者装饰物的牢固程度。第三，休闲服的风格与时尚性。休闲装的款式设计一般都较为简单，但通过色彩及图案上流行元素的运用，可以让休闲装展现不同的风貌。

三、休闲装的成品规格（表 8-1）

衣长以人体的身高（即号型的号）为基准［（0.4 号 +1）cm］，或根据款式要求在此基础上适当加减进行调节。

胸围以人体的净胸围（即号型的型）为基准，加放 24 ～ 26 cm。

肩宽在人体的净肩宽的基础上加放 4 ～ 5 cm。

袖长以人体的身高（即号型的号）为基准，袖长［0.3 号 +（8 ～ 9）］cm。

表 8-1　5・4 系列 A 型男士休闲装的成本规格　　cm

部位＼号型	160/84	165/88	170/92	175/96	180/100	185/104	190/108	195/112
后衣长（后中量）	63.5	65.5	67.5	69.5	72	74.5	77	79
胸围	110	113	116	120	124	128	132	135
下摆围	98	101	104	108	112	116	120	123
肩宽	45.1	46.3	47.5	49	50.5	52	53.5	54.7
袖长	58	59	60	61.5	63	64.5	66	67
袖肥	40	41.2	42.4	44	45.6	47.2	48.8	50
袖口大	25.5	26	26	27	27	28	28	28.5
面袋大	16	16.5	16.5	17	17	17.5	17.5	18
后领高	6.5							

第二节　商务休闲装

一、款式特征（图 8-7）

商务休闲装属于四开身结构，方摆，H 形松身造型，立领，前中装拉链， 较合体两片袖结构，前片及后片有装饰性分割设计，下摆单嵌条挖袋。

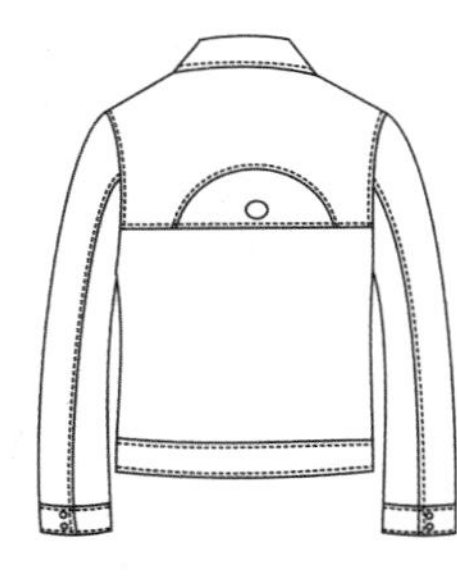

图 8-7

二、面料成分

洗水棉，100% 棉。

三、成品规格

成品规格见表 8-2。

表 8-2　商务休闲装的成品规格（170/88A）　　cm

部位	后衣长	胸围	肩宽	下摆围	袖长	袖口围
规格	67.5	116	47.5	104	60	26

四、制图要点（图 8-8、图 8-9）

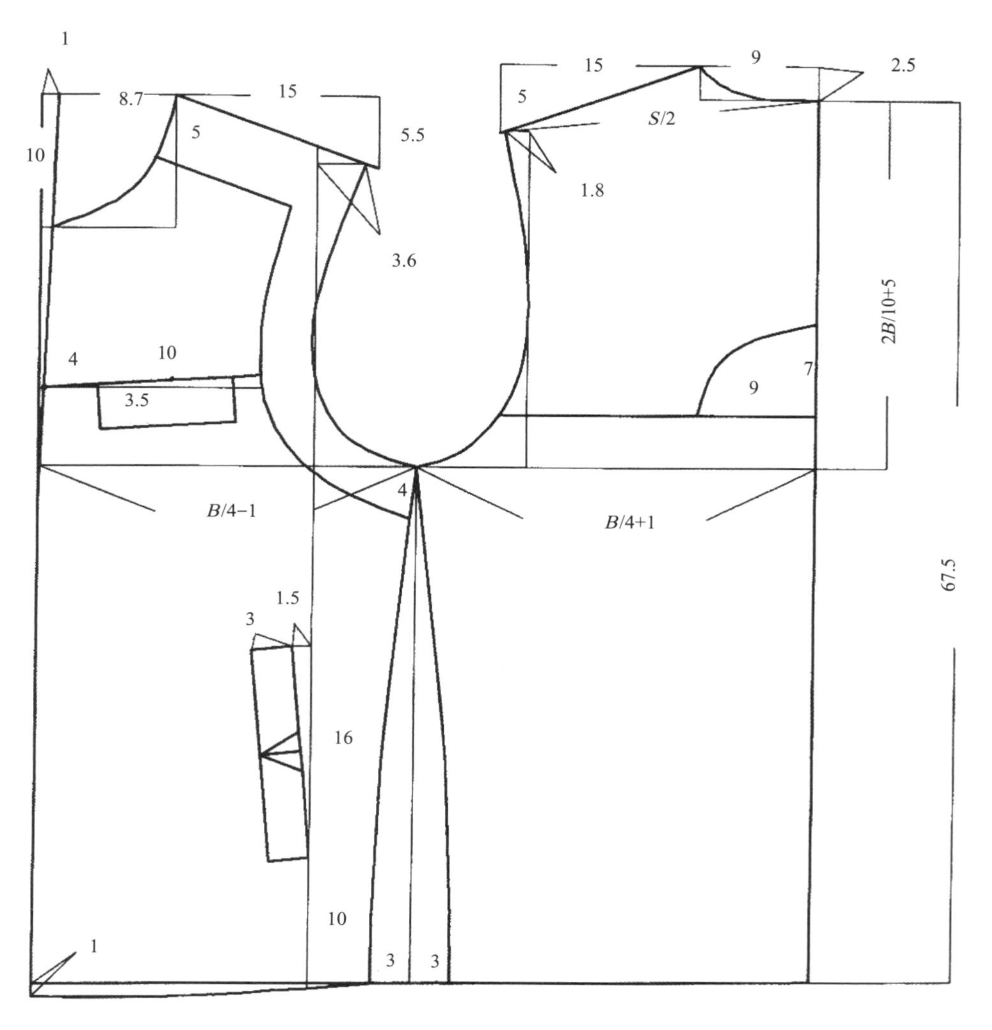

图 8-8

（1）由于休闲装的较合体结构，前胸围取（B/4−1）cm，后胸围取（B/4+1）cm。

（2）前中装拉链结构，偏胸量取 1 ～ 1.5 cm。

（3）前片下摆在原衣长的基础上追加 1 cm 的衣身平衡量。

男休闲装制板

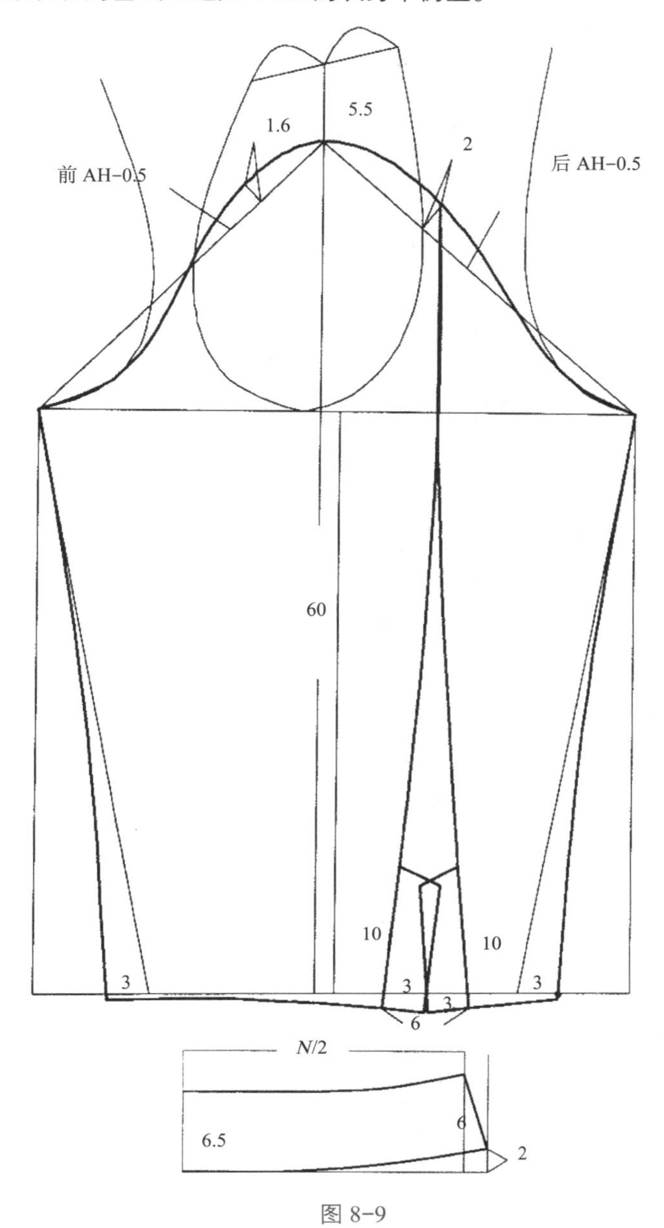

图 8-9

第三节　休闲夹克装

一、款式特征（图 8-10）

图 8-10

休闲夹克装属于四开身结构，方摆斜襟，H 形松身造型，敞开形翻驳领，斜襟装拉链，较合体两片袖结构，袖肘处设置装饰袖肘省，肩部及袖口设有装饰袢，前片及后片有装饰性分割设计，下摆双嵌条拉链挖袋。

二、面料成分

洗水棉，100% 棉。

三、成品规格

成品规格见表 8-3。

表 8-3　休闲夹克装的成品规格（170/88A）　　cm

部位	衣长	胸围	肩宽	下摆围	袖长	袖口围
规格	67	118	48	106	60	28

四、制图要点（图 8-11、图 8-12）

（1）左、右不对称结构，偏胸量取 2 cm。
（2）后片取 2 cm 的后腰省，达到后身曲线要求。
（3）袖肘处取两个 1 cm 的功能性及装饰性的袖肘省。

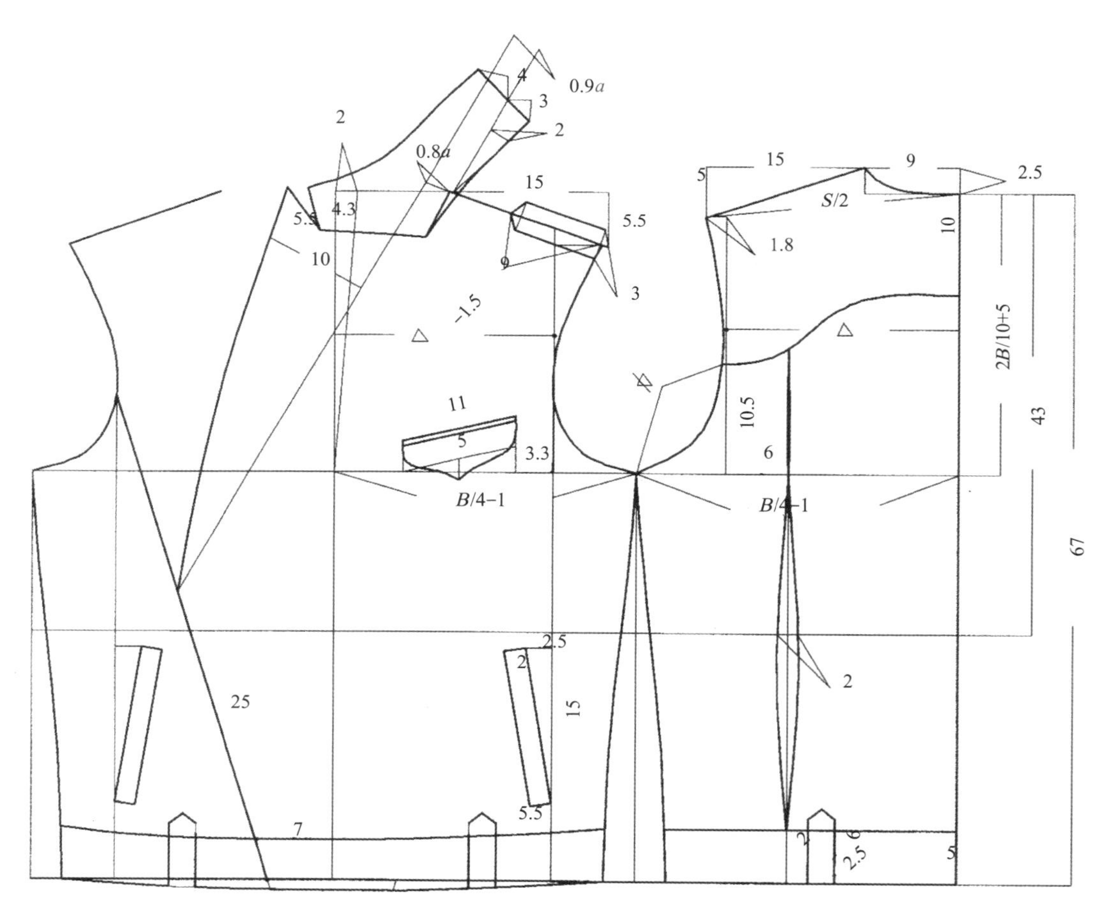

图 8-11

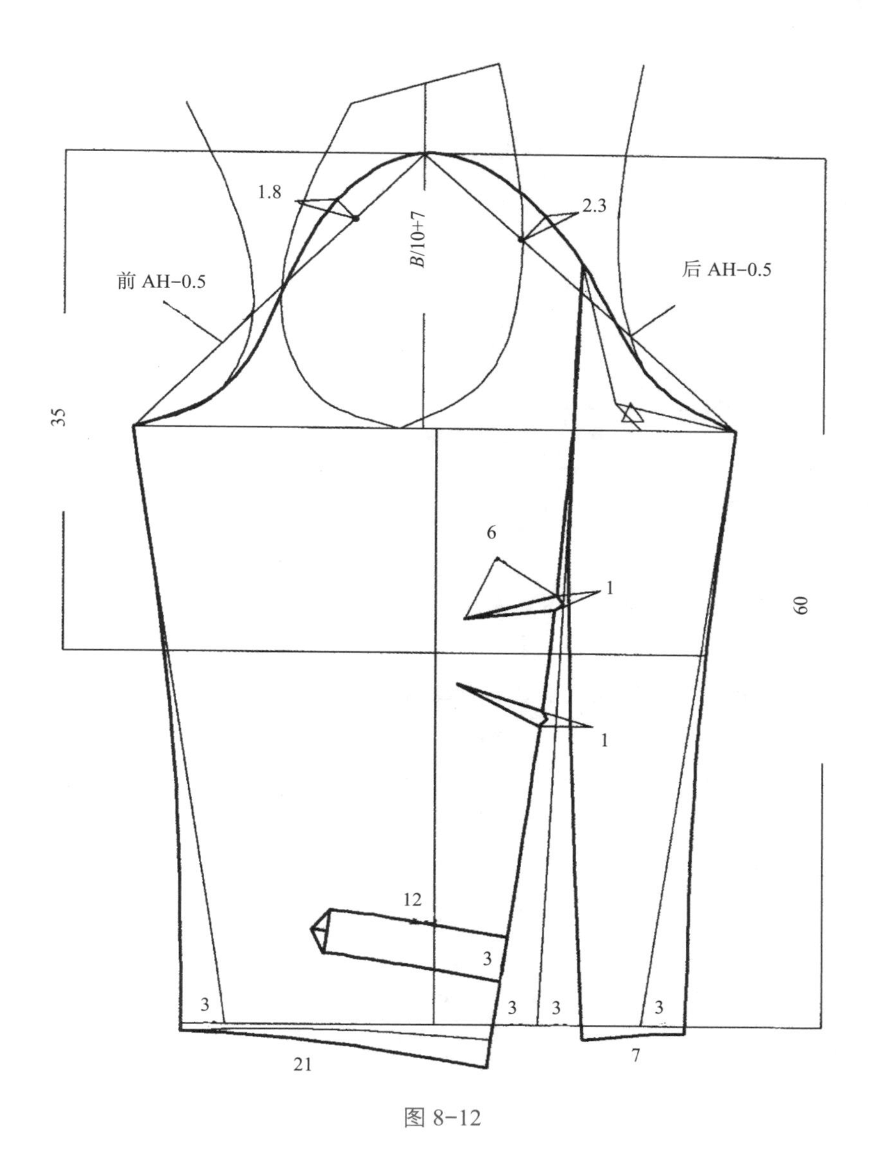

图 8−12

第四节　运动休闲装

一、款式特征（图 8-13）

运动休闲装属于四开身，H 形松身结构，前片及后片有装饰性分割设计，下摆及袖口通过罗纹收紧，立领，前中装拉链， 插肩袖结构。

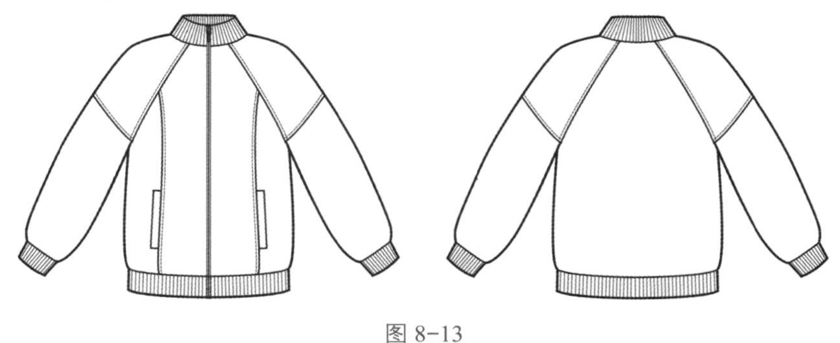

图 8−13

二、面料成分

100% 棉。

三、成品规格

成品规格见表 8-4。

表 8-4　运动休闲装的成品规格（170/88A）　cm

部位	后衣长	胸围	肩宽	领围	袖长	袖口围
规格	64	118	48	43	60	24

四、制图要点（图 8-14、图 8-15）

（1）由于运动休闲装的松身结构，前、后胸围取 $B/4$ cm。

（2）前中装拉链结构，偏胸量取 1 ～ 1.5 cm。

（3）前片下摆在原衣长的基础上追加 1 cm 的衣身平衡量。

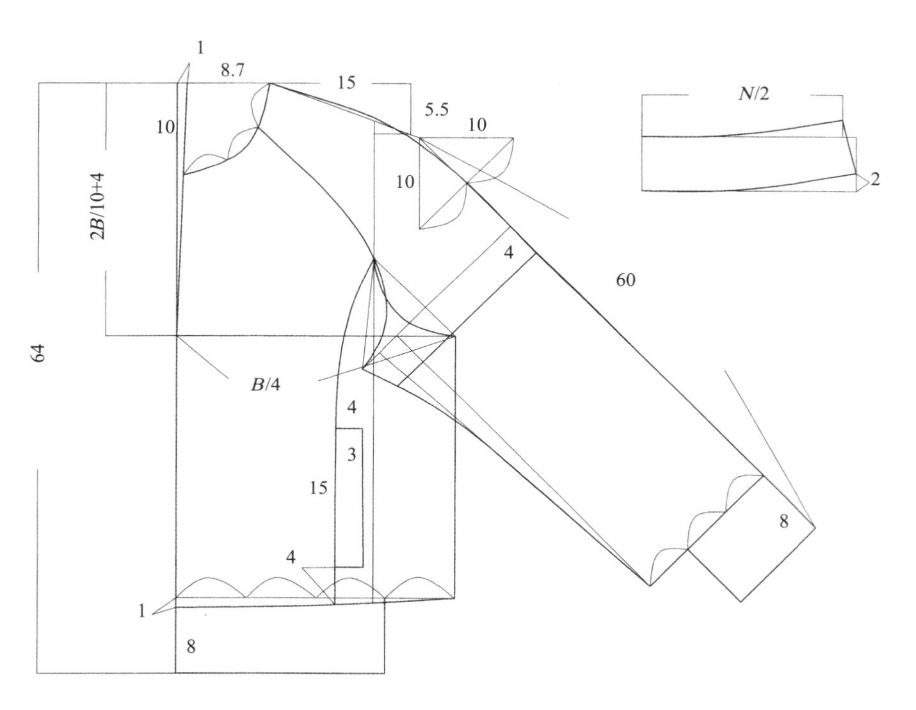

图 8-14

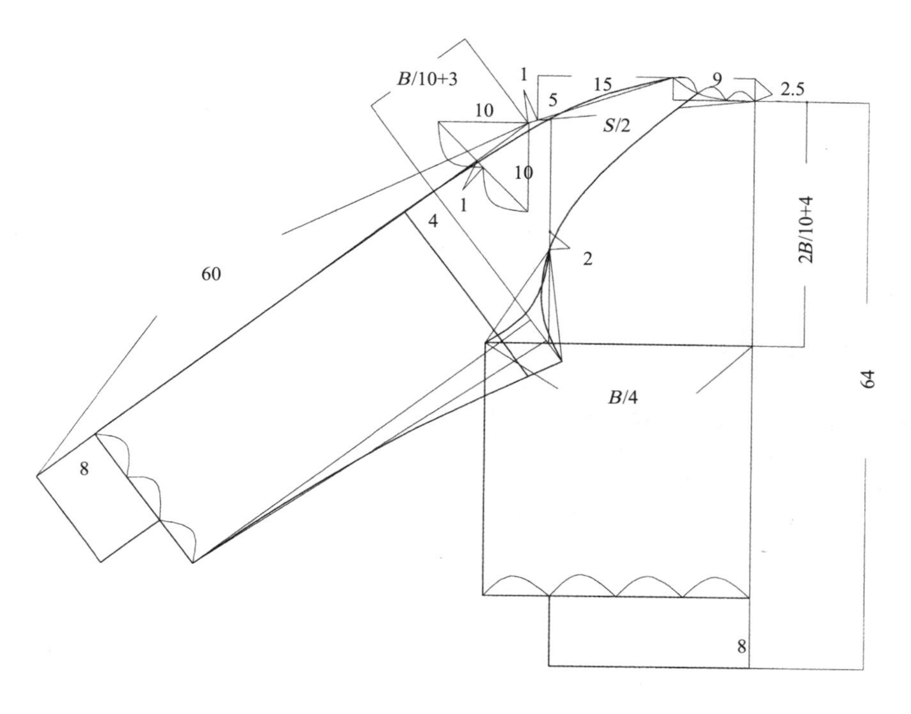

图 8-15

思考与训练

1. 简述休闲装的规格设计的方法。
2. 根据自己的喜好和规格尺寸设计绘制一套休闲装纸样。

第九章 外套的纸样设计

大衣、风衣是男士日常外套的基本品种。外套原本是用来防风、防寒、防尘、防雨的，社会的进步使外套的功能不断分化，除了上述基本功能以外，有些外套被用作礼仪场合的着装以及追求时尚场合的穿着。

就结构设计而言，大衣与风衣的衣身、领子、袖片结构大同小异，有时同样的款式选用中厚面料制作就是大衣，若采用薄型织物制作则为风衣，因此很难从衣片的结构形态角度来说明二者的不同。为此本书将大衣与风衣作为男装的一个类别放在一个章节中进行叙述。

大衣的穿着目的主要是保暖，一般在冬季穿着，面料大多采用中厚型毛呢类织物。大衣的样式较风衣更为程式化，规格配置相对合体，造型相对严谨。由于中厚型毛呢类织物具备良好的归拔性能，因此大衣的纸样设计比较讲究且能够差异匹配。风衣的样式较大衣更为时尚，在衣片结构中较多采用装饰性的零部件，规格配置相对宽松，结构设计追求潇洒飘逸的成型效果。风衣主要用来防风、防雨、防尘，面料通常选用高密度薄型织物。因为大衣面料质地紧密，在缝制中较难施加归拔工艺，因此在纸样设计中对缝边部位差异匹配设计不用很讲究。

第一节 外套的穿着起源及演变

大衣也称为外套，是穿在衣服最外面的服装，具有保护身体的实用性和显示人体造型美的装饰性两种功能。

一、古代男士外套的发展历程

1．东方男士外套的发展历程

现代的男士大衣、外套是泛指西式的男士大衣和外套。从历史渊源考察，男士大衣和外套最早产生于公元前 3 世纪前的中国先秦时期，距今已有 2 500 年以上的历史。

先秦时期男士外套有两类：一类是在单衣外面穿的套衫，称为“表”，另一类是在皮袍外面穿的罩衫，称为“裼”。它们和现代的男士外套一样具有两大功能，一是保护身体，保护内衣，具有实用性功能；二是装饰人体和表现礼仪所需要的功能美。

汉代《说文解字》：“表，上衣也。”《礼纺织・丧大记》：“袍必有表。”先秦袍是内衣，强调袍外面必须穿一件外套。《论语・乡党》还提到：“当暑，袗絺绤，必表而出之。”意思是指在炎热的夏天，在家里可穿葛麻织的单衫，但外出时必须穿一件外套，才符合礼仪和习惯要求。

公元3—6 世纪，魏晋南北朝时期，男女习惯穿披风、斗篷和套衣。当时披风、斗篷又叫“假钟”；到了清代，斗篷更流行，而且设计制作更精致，俗称“一口钟”。其和现代的披风、风衣的作用相似，一是御寒、挡风，二是外出时作为披裹、装扮的外套。由此可见现代的一些外套词语如大衣、披风、风衣、斗篷、外套等早已蕴藏在中国丰富的古代服饰文化宝库中。

2．西方男士外套的发展历程（图 9-1）

在西方，大衣或外套最初只见于古代波斯帝国遗址的壁画中。直到公元 14—15 世纪，外套才在欧洲流行，但款型和结构都比较简单，多是披风或斗篷。直到 18—19 世纪西服套装、翻领的西式大衣外套才基本形成。最初，大衣主要用来保暖，以后用来显示身份；第一次世界大战后，现在的大衣款型结构随着套装的广泛流行而定型普及，成为必不可少的外出装。社交服和礼服套装、西式大衣传入中国并逐步普及。

图 9-1

二、现代男士外套的发展历程

西式大衣、外套和风衣是高档男装中的重要服饰品类。尽管目前办公室里可以保持四季如春，且现代人很多已经以车代步，但是在秋风冬雪中，上下班时的大衣、风衣外套仍然不可或缺，它们不但给人们必需的温暖，更是绅士风度和潇洒外观的展示。

大衣和风衣自工业化时代以来一直被作为男性风度表现的最佳道具。即使在后现代社会，伦敦雾和雅格诗丹的老款风衣，还是让很多男士爱不释手。它们的款式变化并不大，长度有短、中和长过膝盖之别；式样有单排扣和双排扣之分，还有是否收腰的变化，通常按照体型和审美偏好而定。风衣和大衣拥有丰富的细节变化，如履肩的有无和单双、袢带的设置以及领型和袋型的变化等。像普拉达（PRADA）、LV 推出的腰部贴身大衣，用精致的裁剪线条突破了传统样式，把男性刚柔并济的线条展现无遗，绅士风度中有些许不羁，正统而又不失男人性感。夹里的花哨则是现代设计师为解除大衣和风衣较为朴素的外观而设置的时尚刺激元素。

现代科学的发展为风衣和大衣提供了宽泛的面料选择范围，并赋予服装以鲜明的特性，例如粗毛呢的凝重大气、羊绒的柔软轻盈、高密度织物的防风透气等。单、双面涂层的羊毛织物以及防风防水的新型合成材料等也为此类服装提供了新的选择。

如果觉得大衣和风衣较为老气和累赘，絮棉和夹层外套也可以作为体现活力和现代感的选择。当然，它们的长度以不过膝盖为宜。

对于在办公室里工作的人，大衣和风衣也是一种伪装。如果你的办公室里有衣橱，不妨在上班路上穿自己钟爱的服装，到办公室后再行更换；如果下班后有节目而无法回家换装，大可在走出办公室时先换好衣服。

对于很多男士来说，大衣和风衣还有一种作用，那就是提升男人气概，这也是近年来军旅风格在大衣及风衣设计中颇为流行的原因（图 9-2）。

图 9-2

第二节　男士外套的分类、常用面料及规格

一、男士外套的分类及特点

1．按款式划分

男士外套按款式可以分为披风外套、时尚风衣、高档大衣。

（1）披风外套。早期的外套或大衣，包括披风、斗篷等，是一种衣身完全遮盖肩和手臂的钟形外衣，可作为外出礼仪简式装扮。除特殊情况外，披风、斗篷在男士外套中已不流行（图 9-3）。

（2）时尚风衣。时尚风衣是从高档男士外套中派生演化出来的一种春秋男性时尚外套。其实用性、

图 9-3

装饰性和社交礼仪性三种功能俱全，能和西装、中山装、职业服、夹克衫、休闲装等多种服饰配套，被称为“万能”型半正式礼仪装，是能适应外出、社交和日常礼仪场合的高档外套。它以独特、潇洒和端庄随意的款型结构和风采，深受男士的青睐和喜爱，因而广泛流行。

风衣已有近百年的历史。在第一次世界大战中，英国陆军常在风雨中进行堑壕战。军服商设计开发了堑壕防水大衣，被称为“堑壕服”。为了具有防风、防雨、防寒功能，并使士兵活动方便，同时具有威严大方的男人气概，人们在风衣的款型结构上进行了多功能设计。

第一次世界大战后，军人专用的“堑壕服”逐步演化为生活化社交礼仪性外套大衣。“堑壕服”的一系列特殊功能设计被历史的风云冲淡了，但它的功能美结构，如肩袢、袖袢、雨披（覆势）、开关两用驳领、插肩袖等，作为服装的历史文化和男士外套的风格，仍然保留下来并被广泛采用。

改革开放以来，风衣已成为我国流行的高档长外套种类之一。其款型结构在保持历史风格和功能美的基础上进一步时尚化（图 9–4）。

图 9–4

（3）高档大衣。现代男士大衣也是在中西方服饰文化结合融会的过程中不断发展的，品种、款式丰富多彩。男士大衣的质量、档次主要从衣料的质地、大衣的内外层结构、制作工艺上划分和判别，一般分为高档和中低档。高档大衣又按着装场合以及实用性和装饰性相结合的功能，分为日常社交高档大衣、礼仪社交高档大衣和高档职业制服大衣三类（图 9–5）。

①日常社交高档大衣：按照国家标准，高档男士大衣须具备“三高”条件：面料质地高档，必须以毛呢和毛型化纤交织面料为原料；大衣内外层结构高档，全里全衬，三角里袋，里料加滚条；制作工艺高档，必须进行推、归、拔、烫处理等。

②礼仪社交高档大衣：款型为 X 形，吸腰式、稍扩摆的造型结构。在西方，礼仪社交高档大衣多为双排扣剑领（戗驳领），领面为缎面或丝绒材料，适合在社交场合穿用（图 9–6）。

图 9–5

图 9-6

③高档职业制服大衣：多为单大衣造型结构，比较端正、威严，有显著职业特征，多为箱式 H 形造型，讲究宽松、舒适（图 9-7）。

图 9-7

2．按长度划分

男士外套按长度划分，主要有短大衣、中长大衣、长大衣和加长大衣四种（图 9-8）。

（1）短大衣。这是衣长在大腿中部附近的大衣，衣长为 80 cm 左右。这类大衣既轻便又具有一定的保暖性，而且有很好的机能性。因此，短大衣也多作为运动型的大衣或轻便的大衣。

（2）中长大衣。这是衣长在膝盖附近的大衣，衣长一般为 105 cm 左右。这也是日常大衣的基本长度，被广泛应用在各种大衣的造型设计中。

（3）长大衣。这是衣长在小腿中部附近的大衣，衣长一般为 120 cm 左右。这类大衣具有很好的保暖性，虽然机能性差一些，但能给人一种洒脱感，常见的有防寒大衣和防风雨大衣等。

（4）加长大衣。这是指衣长至踝关节附近的大衣，衣长一般为 140 cm 左右。这类大衣虽然保暖性好，但不便于活动，多作为一种表现个性的大衣。

3．按轮廓划分

男士外套按轮廓划分，有基本型轮廓大衣、X 形轮廓大衣、筒形轮廓大衣和梯形轮廓大衣四种。

（1）基本型轮廓大衣。这是指衣身采用四片结构，侧缝线靠近后背宽附近，并适当收腰和放摆的大衣。基本型轮廓大衣，造型较为宽松，被广泛用于各种日常的大衣设计，如图 9-9（a）所示。

（2）X形轮廓大衣。这是一种收腰放摆的较合体的大衣造型。衣身采用的是同西装的六片结构，这种轮廓多用在较为正统的礼服性大衣中，如图 9-9（b）所示。

（3）筒形轮廓大衣。这是一种直腰形的大衣造型，下摆的大小同胸围的大小。因此，为了便于活动，这种大衣不宜过长。筒形轮廓大衣多用于短大衣的设计，如图 9-9（c）所示。

（4）梯形轮廓大衣。这是一种直线形放摆的大衣，是较为宽松的大衣造型，多用于宽松形的防寒大衣或风雨外套设计，如图 9-9（d）所示。

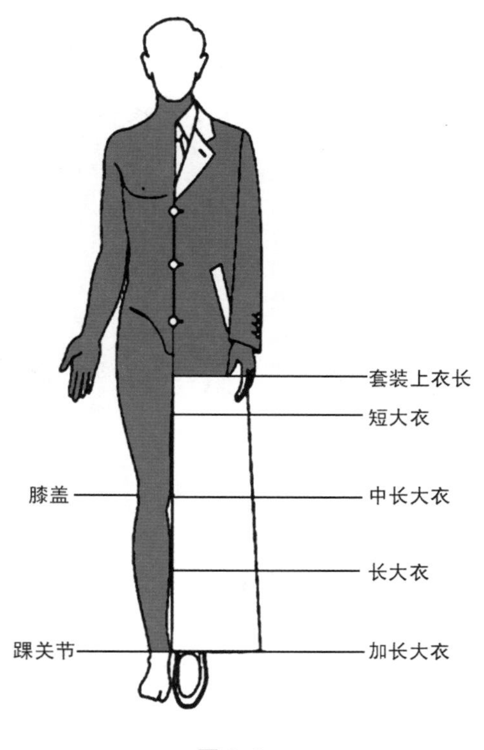

图 9-8

二、男士外套各部件的变化及特点

1. 袖子变化

男士外套的袖子变化类型主要有原装袖、插肩袖、前绱袖后插肩袖、连肩缝绱袖四种。

（1）原装袖。这是一种同西服袖造型相同的大衣袖子，多用于 X 形礼服性大衣和基本型的日常大衣设计，如图 9-10（a）所示。

（2）插肩袖。这是一种具有良好的机能性的大衣袖子，多用于外套和风衣设计，如图 9-10（b）所示。

（3）前绱袖后插肩袖。这是一种结合了绱袖的合体性与插肩袖机能性的袖子，多用于日常大衣和外套设计，如图 9-10（c）所示。

（4）连肩缝绱袖。这是一种模仿插肩袖而破袖山线缝的袖子，是把袖子大片沿袖山高点向下破开，绱袖时再把袖山线缝与肩缝对齐。这种袖子可分别作出两片或三片袖结构，多用于一些日常大衣设计，如图 9-10（d）所示。

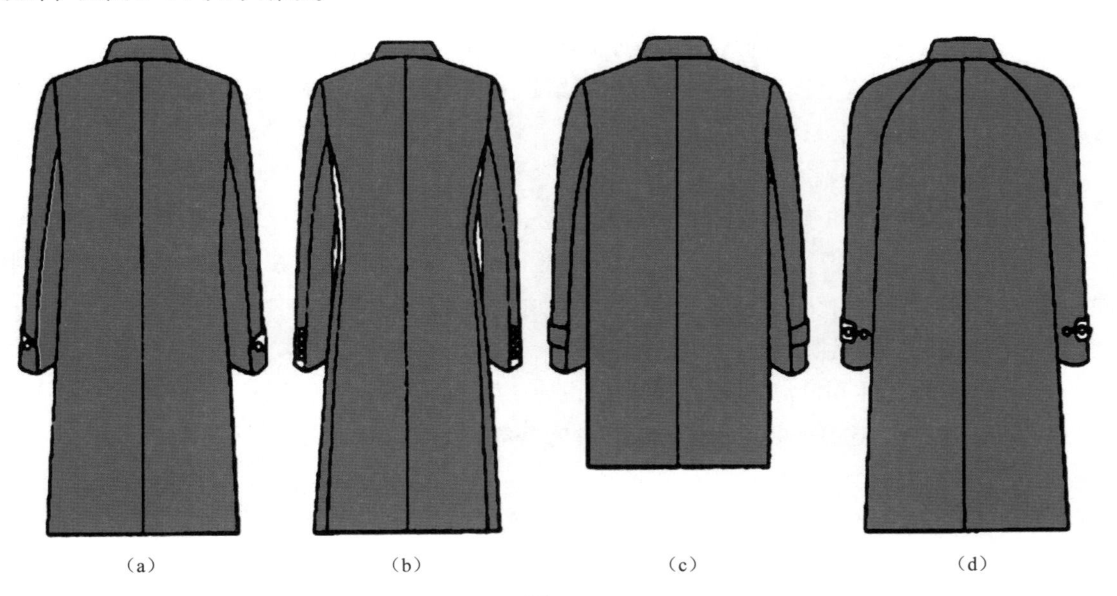

图 9-9

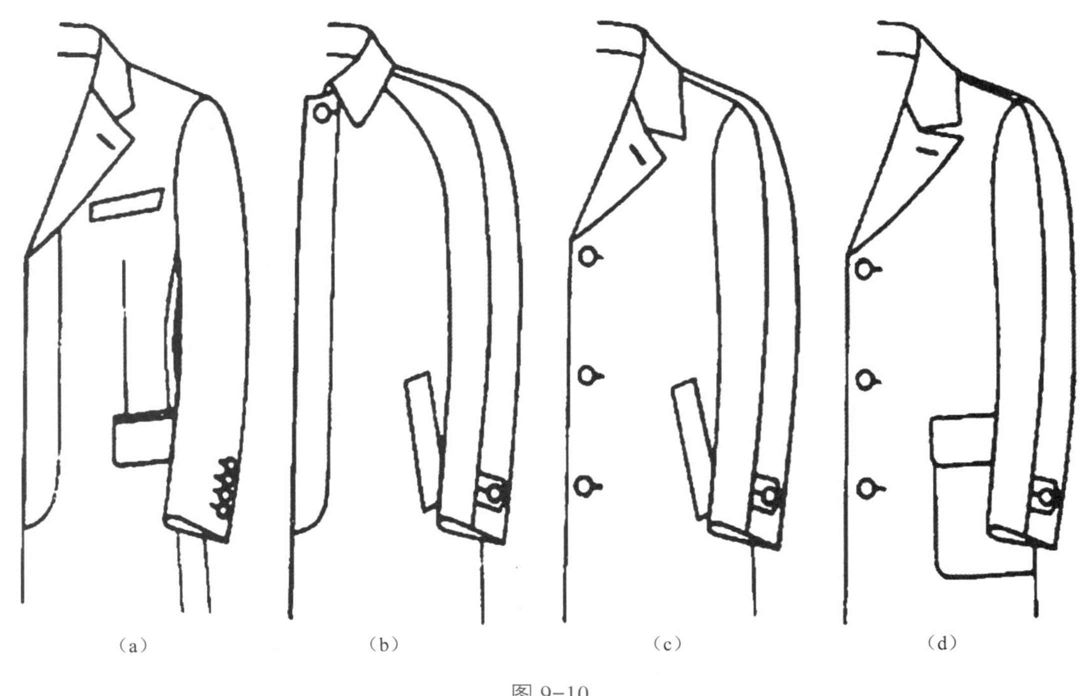

图 9-10

2．大衣的装饰变化

大衣是一种实用性很强的服装，其中许多装饰性的设计同样是具有实用性的。

（1）毛领大衣。这是在领面上采用动物毛皮作装饰的一种大衣。大衣配上毛领既具有很好的防寒性，又具有很好的装饰性。

（2）连风帽大衣。大衣中连风帽有两种形式，即连衣式和可拆卸式。连衣式既具有很好的防寒、防风雨功能，也有很好的装饰性。

（3）披肩大衣。这是指在大衣的肩部另外做一层披肩的大衣。这种披肩的形式最早用于风雨外套设计，现在也用于日常大衣设计。

（4）束腰大衣。这是指在腰部束腰的大衣。束腰大衣有两种形式，如军大衣等直接在后腰部镶入束腰腰带，而风衣等则是采用同大衣相同的面料制作的腰带在腰部系带的束腰方式。

（5）衬毛绒大衣。这是指利用毛绒面料做衬里的大衣。毛绒通过领子和袖口等向外翻出，既保暖又具有独特的装饰风格。

3．大衣的口袋变化

大衣的口袋是功能性和装饰性合二为一的，而且，大衣口袋的造型设计与大衣的风格是一致的。

（1）双嵌线有袋盖挖袋。这是同西装上衣大袋相同的一种大衣口袋，在以实用性为主的大衣中，这种口袋是一种纯装饰性的设计，一般只用于礼服性的大衣设计，如图 9-11（a）所示。

（2）斜插袋。这是一种以实用为主的大衣口袋，这种口袋造型既简单大方，又具有装饰性，而且插手便利，被广泛应用于日常大衣和风雨外套设计，如图 9-11（b）所示。

（3）有袋盖贴袋。这是一种实用性和装饰性皆具备的大衣口袋，具有一种独特的风格，一般用于防寒性的日常大衣设计，如图 9-11（c）所示。

4．大衣的领型变化

大衣的领型变化很多，几乎各种基本的领型都可以应用在大衣的领型设计中。

（1）翻领。在大衣的领型中，翻领（还包括两用翻领和登翻领等）造型既简单又富有品位，经

（a）
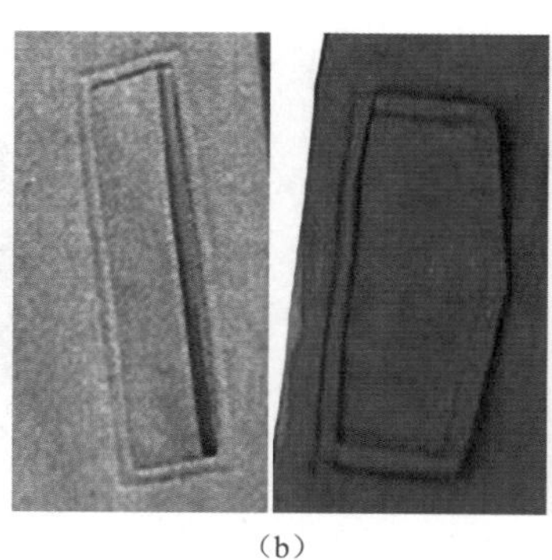
（b）

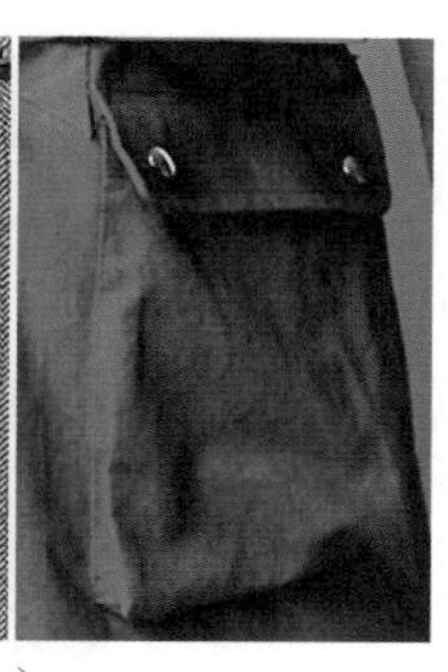
（c）

图 9-11

常应用于休闲型短大衣、日常大衣和轻便的外套设计，如图 9-12（a）所示。

（2）翻驳领。这是一种比较庄重的领型，除了被用于礼服性大衣的领型设计外，日常防寒大衣都可采用，如图 9-12（b）所示。

（3）帽领。帽领多用于休闲大衣或防寒性的羽绒大衣设计，如图 9-12（c）所示。

（4）立翻领。立翻领一般只用于一些风衣外套设计，如图 9-12（d）所示。

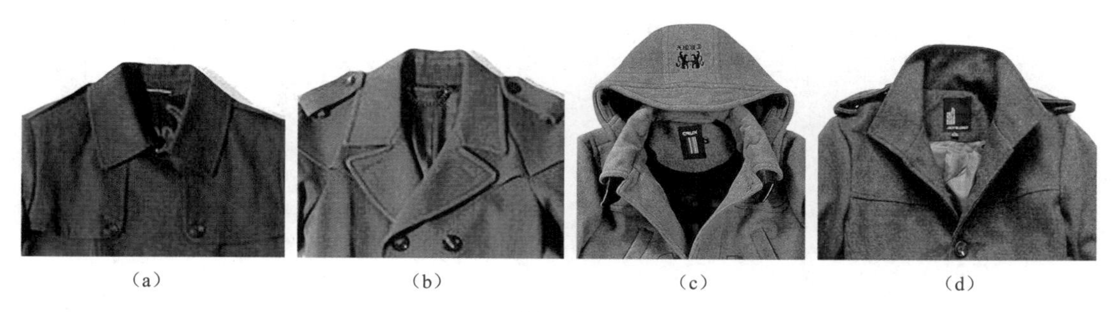
（a）（b）（c）（d）

图 9-12

三、男士外套的常用面料

男士外套的主要功能是两个方面的统一：一是实用功能，要能防寒、避风，面料质地要较厚重；二是装饰功能（特别是礼仪大衣），具有男性刚健、豪放、舒展、潇洒的风格。

1．风衣面料

风衣面料分为两类：一类是较厚的防风防雨 T/C 府绸、塔夫绸、纯涤绸；另一类是较高档的毛料、毛涤交织衣料，颜色用米色、浅驼、中灰等色（图 9-13）。

2．大衣面料

大衣面料比较讲究，大多采用全羊毛或羊毛与化纤混纺织物。大衣呢的优点很多，其弹性、保暖性、吸湿性、耐磨性等优良，能使服装经常保持挺括，穿着舒服，所以非常适合作为大衣的制作材料（图 9-14）。

大衣呢的主要种类有平厚大衣呢、顺毛呢、拷花呢、马裤呢、羊绒大衣呢等。

（1）雪花呢。雪花呢是平厚大衣呢的一种花色品种，单位

图 9-13

图 9-14

面积内的质量为 430 ～ 700 g，以散纤维染成黑色后再添加 5% ～ 10% 的本白羊毛，混合后经分梳，使白羊毛均匀分布于呢面，如雪花洒落在呢面上，因而得名（图 9-15）。

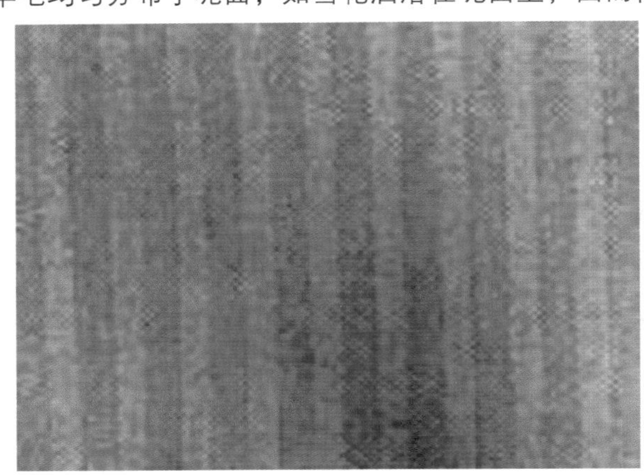

图 9-15

（2）银枪呢。银枪呢是一种花式顺毛呢，单位面积内的质量为 380 ～ 780 g。其原料配比中掺入 10% 左右的粗号马海毛，其余 90% 为羊毛、羊绒或其他动物纤维。马海毛是一种安哥拉山羊的毛，光泽特亮。银枪呢使用本白马海毛与染成黑色的羊毛纤维等均匀混合，在乌黑的绒面中均匀地闪烁着银色发光的枪毛，美观大方，是大衣呢中的高档品种（图 9-16）。

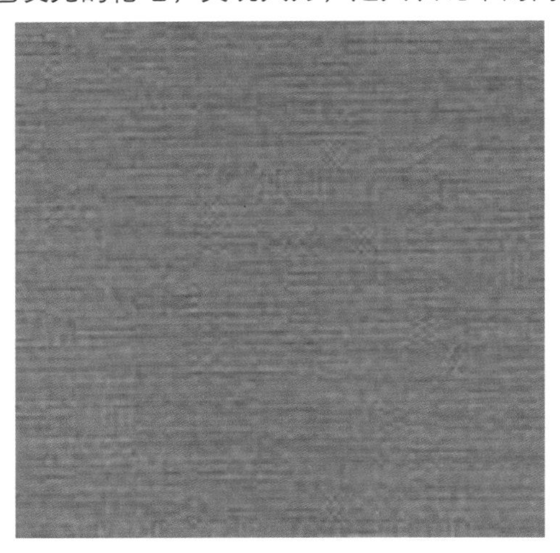

图 9-16

（3）拷花呢。拷花呢是一种呢面拷出本色花纹的立绒型、顺毛型大衣呢，单位面积内的质量为580 ~ 840 g。呢面厚实，绒毛竖立整齐，呈“人”字、斜纹或其他形状的拷花织纹（图 9-17）。

图 9-17

（4）马裤呢。马裤呢是用精梳毛纺纱织制的斜纹厚型毛织物，坚牢耐磨，因适用于制作骑马时穿的裤子而得名。

马裤呢呢面有粗壮突出的斜纹纹道，斜纹角度为 63° ~ 76°，结构紧密，手感厚实，富有弹性，有时还在织物背面轻度起毛，丰满、保暖，它与巧克丁、华达呢都属于同一类型的织物，但重量较大（图 9-18）。

图 9-18

（5）羊绒大衣呢。羊绒大衣呢是高档新产品大衣面料。组织结构为变化斜纹组织，原料为 100% 山羊绒，或 50% 澳毛、50% 山羊绒。其特点是重量小、保暖性好、手感柔软细腻、光泽优雅（图 9-19）。

图 9-19

四、男士外套的成品规格

衣长以人体的身高（即号型的号）为基准（0.6 号），或从第七颈椎骨垂直向下量至膝盖上 3 ~ 5 cm 处，或根据款式要求从侧颈点向下量至适当的位置。

测量胸围时要注意被测者的着装情况，为了准确测定被测者的净胸围，以在只穿着一件衬衣的基础上测量为基准，皮尺过胸部最丰满处水平围量一周，加放 24 ～ 32 cm，或根据款式要求酌情加放松量。

肩宽从左肩点水平弧线量至右肩点，加放 4 cm 左右。

袖长以人体的身高（即号型的号）为基准，长袖［0.3 号 +（10 ～ 13）］cm，或从肩点量至手掌虎口处，加放 1 cm 左右。

常见男士外套的成品规格见表 9-1 ～表 9-3。

表 9-1　短大衣的成品规格（5 · 4 系列）　cm

部 位	衣 长	胸 围	肩 宽	袖 长	领 大
160/80	78	108	44.8	60	41.4
165/84	80	112	46	61.5	42.6
170/88	82	116	47.2	63	43.8
175/92	84	120	48.4	64.5	45
180/96	86	124	49.6	66	46.2

表 9-2　长大衣的成品规格（5 · 4 系列）　cm

部 位	衣 长	胸 围	肩 宽	袖 长	领 大
160/80	116	110	45．4	61	42
165/84	119	114	46.6	62.5	43.2
170/88	122	118	47.8	64	44.4
175/92	125	122	49	65.5	45.6
180/96	128	126	50.2	67	46.8

表 9-3　风衣的成品规格（5 · 4 系列）　cm

部 位	衣 长	胸 围	肩 宽	袖 长	领 大
160/80	104	110	45.4	59	43
165/84	107	114	46.6	60.5	44.2
170/88	110	118	47.8	62	45.4
175/92	113	122	49	63.5	46.6
180/96	116	126	50.2	65	47.8

第三节　巴尔玛外套

巴尔玛外套是一种日常穿在西装套装外面的大衣。它最早出自英国的巴尔玛地区并作为风雨衣外套穿用，因造型简单、大方，深受不同层次，特别是知识阶层男士的喜爱。

一、款式特征

翻驳领，单排暗扣，前侧两个斜插袋，衣身为箱形四片结构，后中缝底摆开衩，插肩袖，后袖口做袖扣袢（图 9-20）。

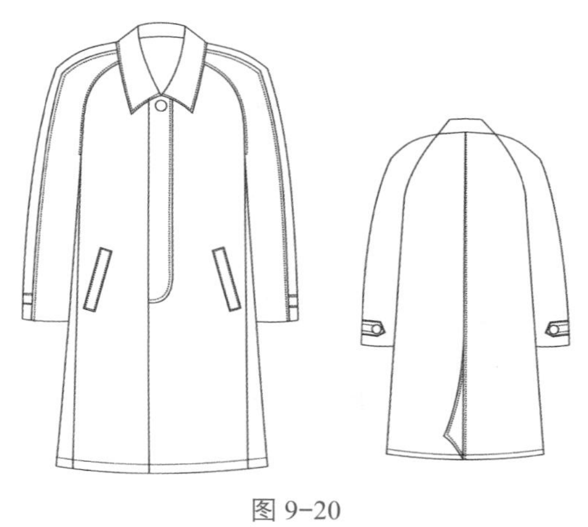

图 9-20

二、面料成分

厚华达呢、直贡呢等。

三、成品规格

成品规格见表 9-4。

表 9-4 巴尔玛外套的成品规格（170/92A） cm

衣长	胸围	肩宽	袖长	袖口	领围
110	118	47	62	18	45
号 3/5+*x*	型 +（24 ~ 32）	净 *S*+4	号 3/10+（10 ~ 13）		3/10*B*+9

四、制图要点（图 9-21、图 9-22）

（1）胸围松量：加放 27 cm。在前后侧缝中加进 4.5 cm，后中放出 1.25 cm。前中心胸围线向上展开 0.7 cm，前中放出 0.75 cm.

（2）大衣长：由腰节线往下按"背长 ×1.5"的长度放出。

（3）袖窿深：下落 4.5 cm。

（4）后肩缝：向上增加 1 cm 的厚度。

（5）前、后领窝：后颈点提高 0.5 cm，前颈点下 1.5 cm，画顺前后领窝线。

（6）前、后插肩袖窿弧线：先定出前、后插肩袖窿对位点。前插肩线先在前领窝处由侧颈点下落 4 cm，再与前袖对位点连直线后画出。后插肩线先在后领窝处由侧颈点下落 3 cm 再与后袖对位点连直线画出袖窿弧线。

（7）前插肩袖：延长前肩线，由肩端点放出 2 cm，再作三角形来确定袖子角度。画出袖长，袖山线在袖口处向前偏 3 cm，前袖口宽 16 cm。袖山高按前、后袖窿平均深减 4 cm 来定。前袖宽按前对位点以下的袖窿弧线长定出。前袖底线在中点往上 2 cm 处收进 1 cm。后插肩袖同前插肩袖。

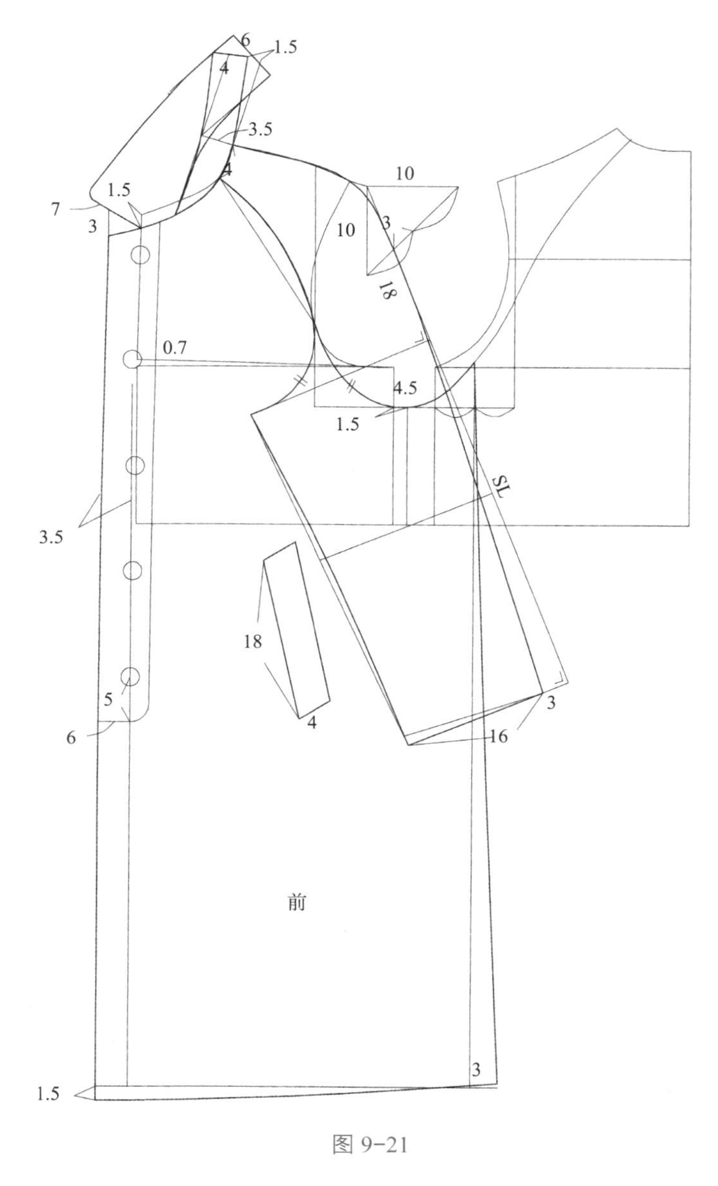

图 9-21

第四节　前装后插袖外套

一、款式特征

这是一款结合原装袖和插肩袖两种结构为一体的外套。它从前面看是一般的绱袖款式，而从后面看又是插肩袖的款式。这种袖子既富于变化，又具有同插肩的机能性；翻驳领，单排四粒扣，前侧两个斜插袋，衣身为箱形四片结构，后中缝底摆开衩，后袖口做袖扣袢（图 9-23）。

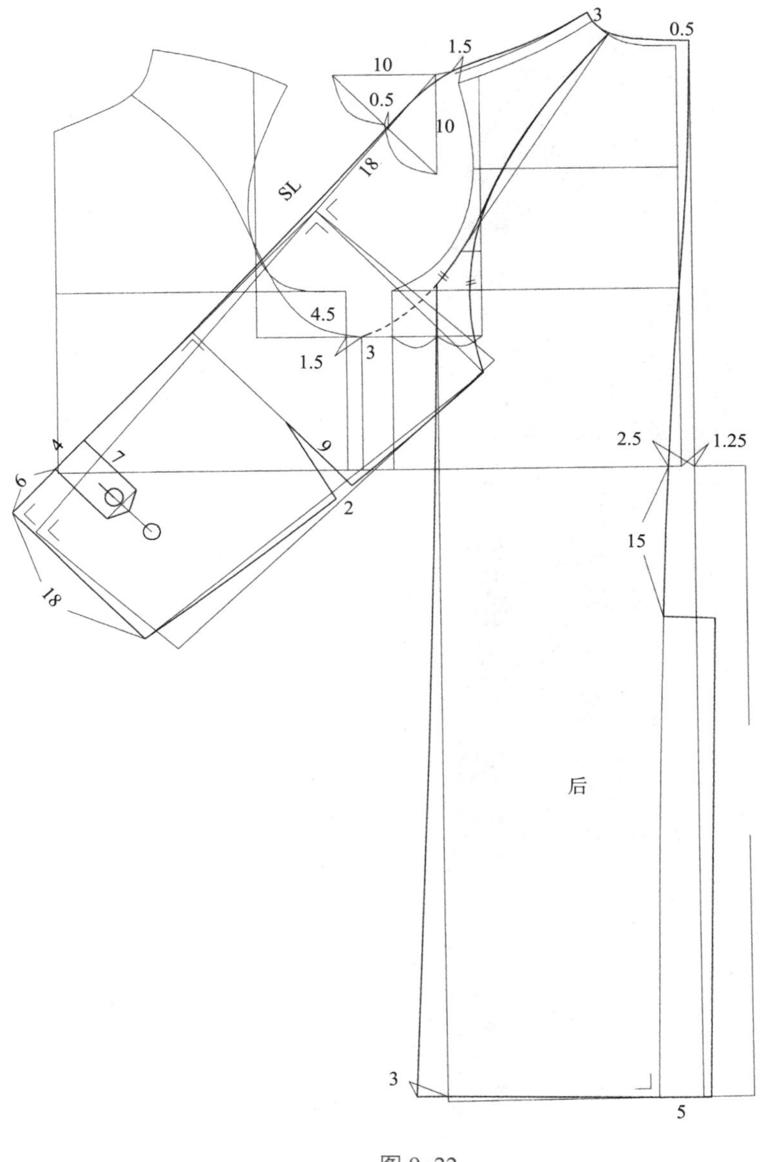

图 9-22

二、面料成分

厚华达呢、直贡呢等。

三、成品规格

成品规格见表 9-5。

图 9-23

表 9-5　前装后插袖外套的成品规格（170/90A）　　cm

衣长	胸围	肩宽	袖长	袖口	领围
110	118	47	62	18	45

四、制图要点（图 9-24、图 9-25）

（1）胸围松量：加放 27 cm 左右。

（2）衣长：由腰节线往下加长 60 cm。

（3）搭门宽：3.5 cm。

（4）袖窿深，后领窝，后肩缝，后插肩袖窿弧线，前、后侧缝等同巴尔玛外套。

（5）前袖窿弧线：由前对位点处顺势画至前原型肩端点。

（6）前止口偏胸：以原型前颈点水平向外量出 3.5 cm，并向下顺势画弧线至胸围线处的前止口线。

（7）翻驳领：后领倒伏量为 3.5 cm，后领座倒伏量为 3.5 cm，后领面倒伏量为 5.5 cm，前领口宽 7 cm。

（8）前装袖：先作出基本袖，然后在原型肩端点下 6 cm 左右的袖窿线上向内作出 1 cm 左右的袖山重叠量，最后画袖山弧线。后插肩袖同巴尔玛外套。

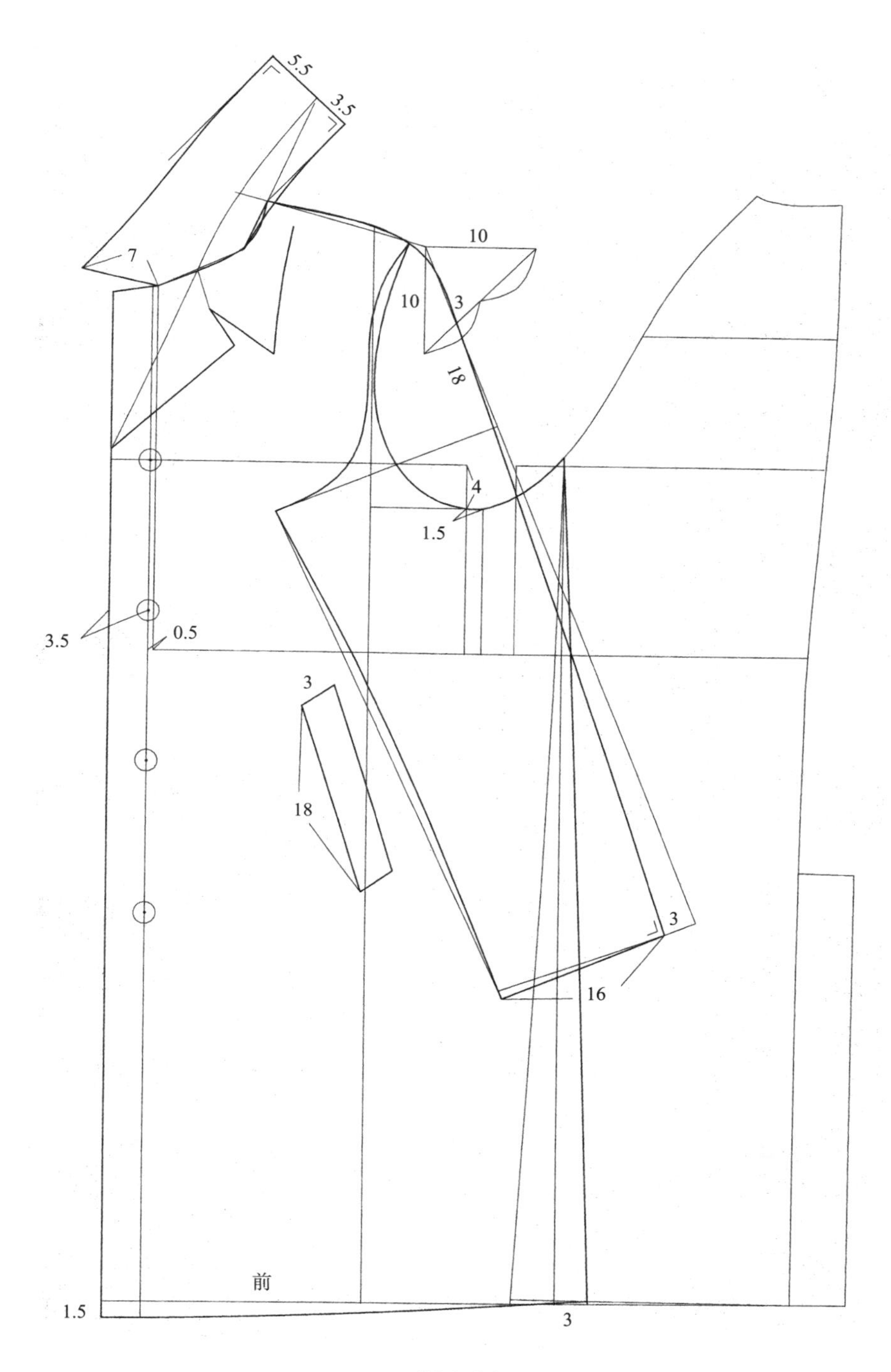

图 9-24

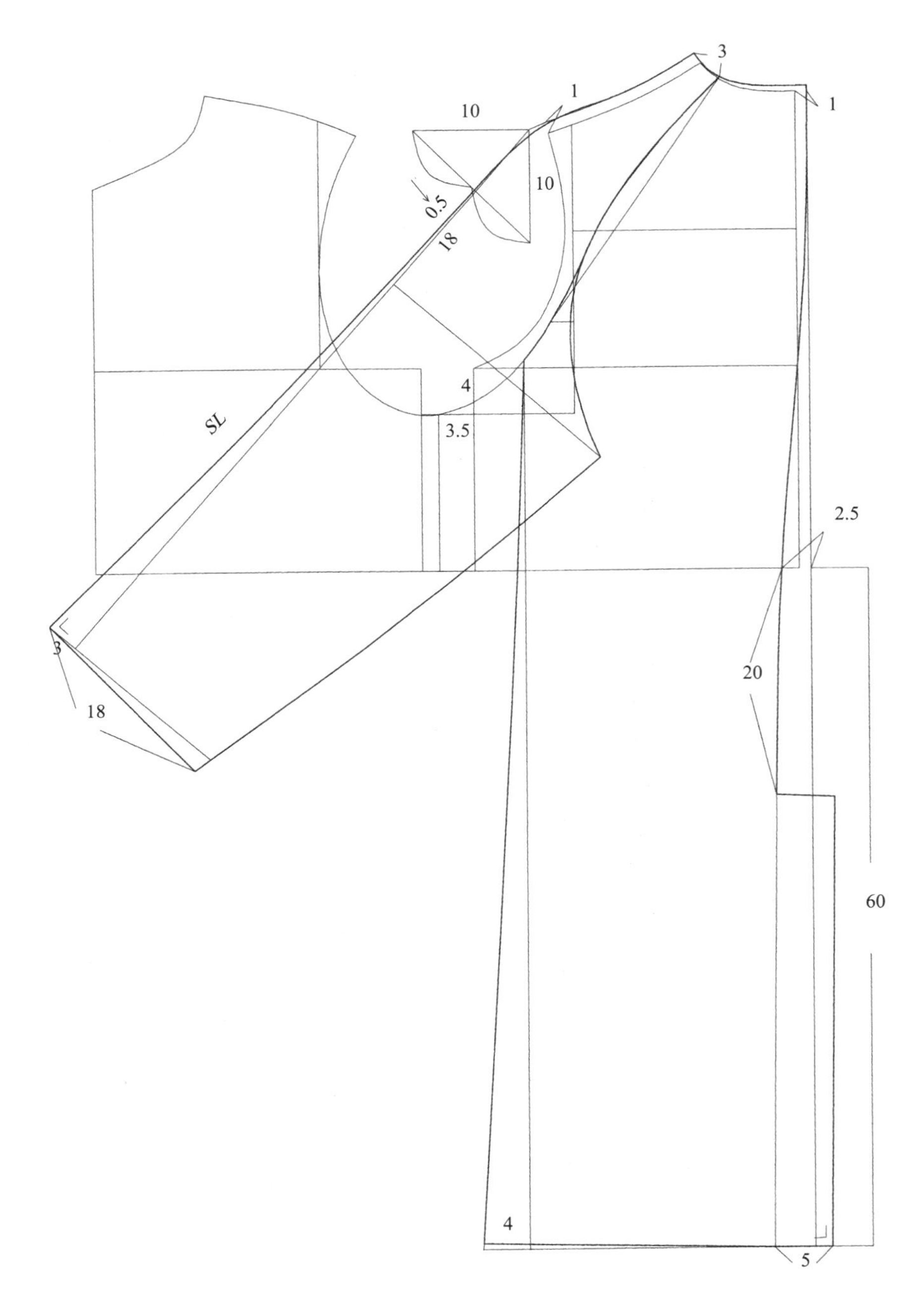

图 9-25

第五节 风衣

一、款式特征

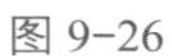

图 9-26

装袖的风衣属功能性外套。后片衣身断缝，设计后开衩来增加下摆的活动量，前片双排扣，斜插袋设计。披肩、腰带的设计增加了防风雨功能，肩袢和袖口系带采用可装卸式结构，领子为分体式企领，增加前领座与领袢（图 9-26）。

二、面料成分

经防水处理的棉涤斜纹布、毛华达呢等。

三、成品规格

成品规格见表 9-6。

表 9-6　风衣的成品规格（170/92A）　cm

衣长	胸围	肩宽	袖长	袖口	领围
110	118	47	62	18	45

四、制图要点（图 9-27 ～图 9-29）

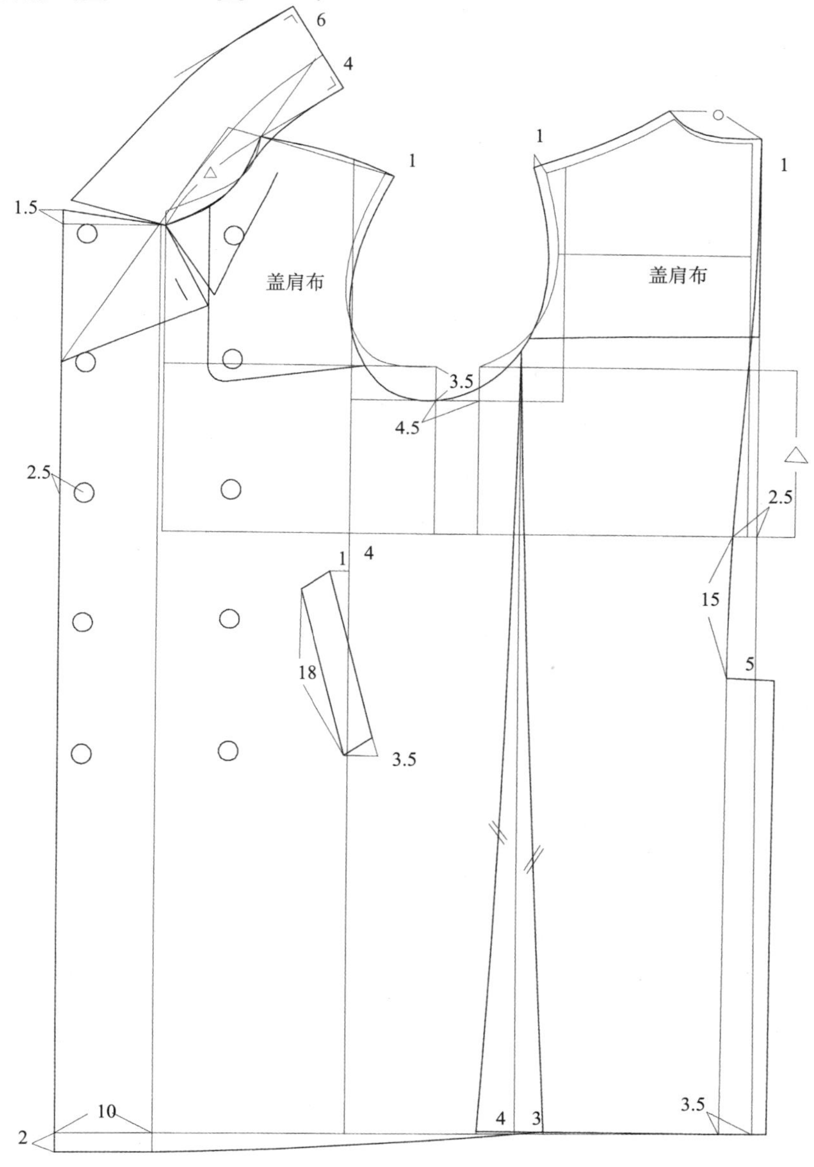

图 9-27

（1）胸围松量：加放 26 cm 左右。

（2）袖子：先按一般大衣袖作出三片袖结构，然后在袖山缝中由袖口往上 6 cm 向后侧做袖口袢。

（3）领座部分：由于领窝尺寸基数较大，为了使独立的立翻领造型美观一些，就必须把领上口做得服帖一些，因此，领座部分的领脚线起翘较大，为 6 cm，在利用前、后领窝弧线长制图时要减去 2 cm，这样作出的领脚线正好同前、后领窝弧线长。

（4）翻领部分：为了不影响前领座的造型，再加上翻领前领口比较宽，因此，翻领的上口（翻折线）的起翘弧度要大于领座上口的起翘弧度的 1 倍左右，同时为防止合领时翻领上口线过长，要按领座上口线长加 0.5 cm 吃势定出，前领面宽 12.5 cm，按翻领上口线作直角线画出。

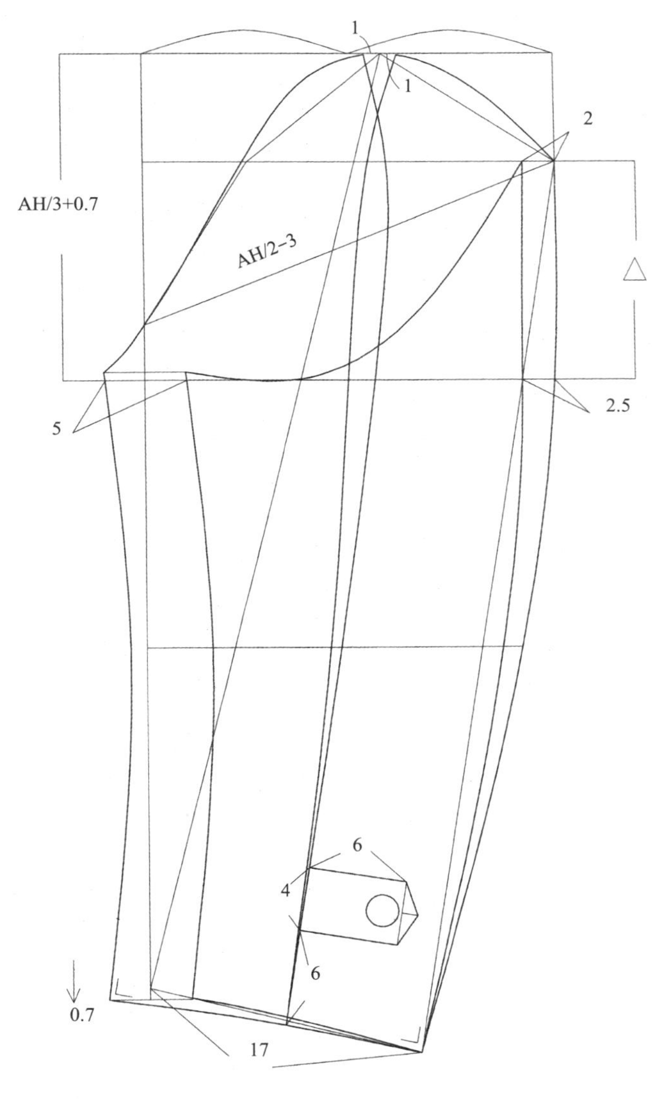

图 9-28

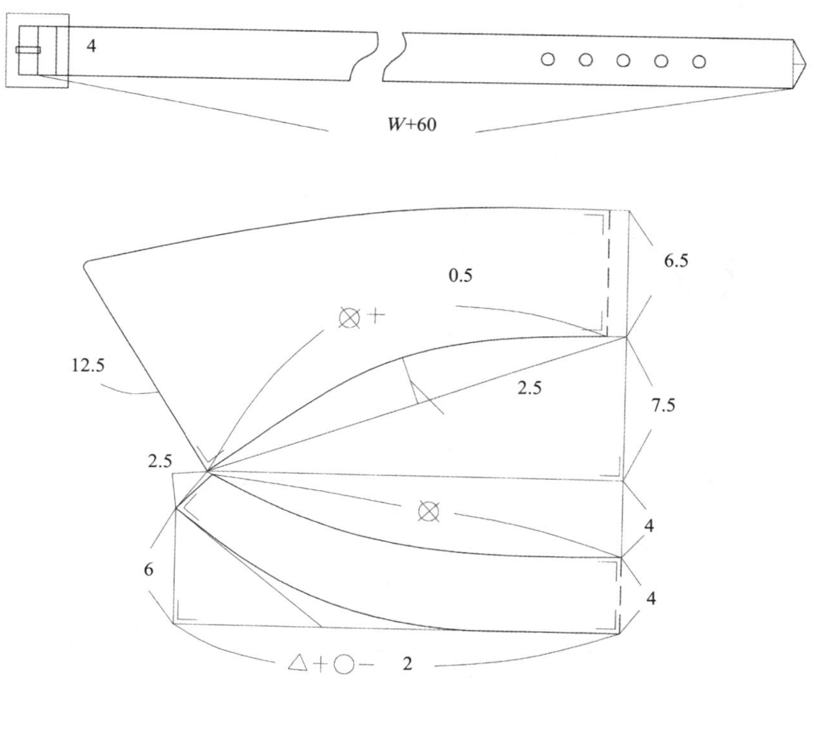

图 9-29

思考与训练

1. 利用基础纸样绘制装袖风衣和插肩袖大衣结构。
2. 设计三开身大衣和前装后插袖大衣结构。
3. 根据基础纸样分析不同类型男士外套的松量设计。
4. 通过学习插肩袖大衣结构，分析插肩袖结构的原理。

REFERENCES

参考文献

[1]［日］文化服装学院，文化女子学院. 文化服装学院讲座（男装篇）[M]. 北京：中国展望出版社，1984.

[2] 刘瑞璞. 服装纸样设计原理与计算·男装篇 [M]. 北京：中国纺织出版社，2005.

[3] 中华人民共和国国家质量监督检验检疫总局，中国国家标准化管理委员会. GB/T 1335.1—2008 服装号型 男子 [S]. 北京：中国标准出版社，2008.

[4] 戴建国. 男装结构设计 [M]. 杭州：浙江大学出版社，2005.

[5] 张文斌. 服装结构设计 [M]. 北京：中国纺织出版社，2006.

[6] 吴清萍. 经典男装工业制板 [M]. 北京：中国纺织出版社，2006.

[7] 五善珏，等. 欧美男装打版技法大全 [M]. 上海：上海文化出版社，2005.

[8] 冯泽民，刘海清. 中西服装发展史教程 [M]. 北京：中国纺织出版社，2005.

[9] 周邦桢. 高档男装结构设计制图 [M]. 北京：中国纺织出版社，2003.

[10] 杨静. 服装材料学 [M]. 北京：高等教育出版社，2007.

[11] 蒋锡根. 服装结构设计——服装母型裁剪法 [M]. 上海：上海科学技术出版社，1994.

[12] 刘胜军. 男裤工业技术手册 [M]. 北京：中国纺织出版社，2008.